Vorlesungen über Statik und Festigkeitslehre

Einführung in die Tragwerkslehre

Von Prof. Dr.-Ing. Walther Mann
Technische Hochschule Darmstadt

Mit 39 Photos und 201 Zeichnungen

B. G. Teubner Stuttgart 1986

CIP-Kurztitelaufnahme der Deutschen Bibliothek

Mann, Walther:
Vorlesungen über Statik u. Festigkeitslehre
Einführung in die Tragwerkslehre / Walter Mann.
Stuttgart: Teubner, 1986
 ISBN 3-519-05238-5

Das Werk einschließlich aller seiner Teile ist urheberrechtlich geschützt. Jede Verwertung außerhalb der engen Grenzen des Urheberrechtsgesetzes ist ohne Zustimmung des Verlages unzulässig und strafbar. Das gilt besonders für Vervielfältigungen, Übersetzungen, Mikroverfilmungen und die Einspeicherung und Verarbeitung in elektronischen Systemen.

© B. G. Teubner Stuttgart 1986

Printed in Germany

Druck und Bindearbeiten: Zechnersche Buchdruckerei GmbH, Speyer
Umschlaggestaltung: M. Koch, Reutlingen

Vorwort

Dieses Buch entstand aus den Vorlesungen für Architekturstudenten der Technischen Hochschule Darmstadt über Statik und Festigkeitslehre als Einführung in die Tragwerkslehre. Es enthält den Lehrstoff des ersten Studienjahres, der Grundlagen für die Lehre in den folgenden Studienjahren schaffen soll. Ziel dieser Lehre ist die Anwendung dieser Grundlagen auf die tragenden Elemente eines Bauwerkes und die daraus abzuleitenden Regeln für Tragwerke in Abhängigkeit von den verschiedenen Baustoffen.

Die Problematik der Lehre dieses Faches besteht in der Auswahl des Stoffes. Wie weit sollte der angehende Architekt über die statischen Grundlagen von Baukonstruktionen Bescheid wissen? Welches mathematische Niveau ist zumutbar? Hier kann man, wie die Erfahrung zeigt, durchaus verschiedener Meinung sein, wie auch in jedem Beruf Fachleute verschiedener Ausrichtung zu finden sind. Sicher sind Extreme zu vermeiden: Eine Lehre mit Bilderbuch-Charakter dürfte den angehenden Architekten wohl kaum für seine Aufgaben in der Praxis rüsten; andererseits benötigt er nicht die vertieften Kenntnisse des Ingenieurs, der ihm ja ohnehin bei den Bauaufgaben zur Seite steht.

Der an einer Technischen Hochschule ausgebildete Architekt sollte über umfassendes Verständnis der technischen Zusammenhänge verfügen. Dieses Verständnis sollte ihn in die Lage versetzen, die täglich auf ihn zukommenden technischen Entscheidungen selbständig und verantwortungsbewußt zu fällen, Detailfragen mit Fachleuten diskutieren zu können und deren Ausarbeitungen, z. B. statische Berechnungen, in den wesentlichen Zügen lesen, verstehen und auf die eigenen Arbeiten übertragen zu können. Der in diesen Vorlesungen zusammengestellte Lehrstoff bildet die Grundlage für dieses Verständnis, wie die Technische Mechanik ganz allgemein die Grundlage aller Ingenieurwissenschaften ist und somit eine Klammer für die auseinanderstrebenden Disziplinen darstellt.

Bei der Vermittlung des Lehrstoffes wurde versucht, einerseits die theoretischen Grundlagen umfassend aufzuzeigen, andererseits so anschaulich wie möglich und praxisbezogen zu bleiben. Die Anwendung der Grundlagen auf Baukonstruktionen ist das Ziel, so daß von Anfang an entsprechende Hinweise das Interesse wecken und das Verständnis fördern sollen. Fragen z. B. nach der statisch sinnvollen Form eines Elementes als Erkenntnis aus einer Schnittkraftfläche oder einfache baupraktische Beispiele sollen zeigen, daß die vorgetragene Theorie sehr praktische Auswirkungen hat und auch dem Architekten wertvolle Erkenntnisse bietet.

Das mathematische Niveau der Vorlesungen ist dem eines Abiturienten angepaßt. Differential- und Integralrechnung wird nur gelegentlich bei Ableitungen verwendet, die Kenntnis von Differentialgleichungen ist nicht erforderlich. So lassen sich z. B. Schnittkraftflächen für den mathematisch nicht Geübten über das Schnittprinzip anschaulicher ermitteln als über Differentialgleichungen, Trägheitsmomente über Summen angenähert ebenso wie über Integrale. Gleichgewicht läßt sich auch ohne die abstrahierende Vektor- oder Tensorschreibweise formulieren und erklären. Auf diese dem Ingenieur vertrauten mathematischen Hilfsmittel wird hier bewußt verzichtet, da es sich nicht um ein Lehrbuch für Statik, sondern um eine Einführung in die Tragwerkslehre handelt. Statt dessen werden in den Vorlesungen häufig Anschauungsmodelle verwendet, um den mechanischen Hintergrund einer Formel, einer Zahl oder um eine theoretische Ableitung anschaulicher zu machen. Diese Modelle sind an anderer Stelle ausführlich beschrieben, hier sind nur einige Modellaufnahmen zur besseren Anschauung übernommen. Im übrigen wird im Text auf die jeweiligen Modelle verwiesen. Vor allem Verständnis soll vermittelt werden; ist dies gelungen, erwachen Formeln, Ableitungen und Zahlen zum Leben.

Die Technische Mechanik läßt uns Zusammenhänge in der Natur erkennen, sie ist technische Allgemeinbildung. Generationen von Mathematikern, Physikern und Ingenieuren haben mitgewirkt, dieses Wissen zu schaffen und für Bauaufgaben nutzbar zu machen. Dieses Wissen hilft jedem, der mit dem Bauen zu tun hat, seine Aufgaben zu erfüllen. Darüber hinaus wirkt jede Erkenntnis fördernd und befriedigend.

Darmstadt, im November 1985　　　　　　　　　　　　　　　　　　　　Walther Mann

Die im Text gegebenen Hinweise auf Modelle beziehen sich auf das Buch

Mann, W.: Tragwerkslehre in Anschauungsmodellen.
　　　　　　Statik und Festigkeitslehre und ihre Anwendung auf Konstruktionen.
　　　　　　Verlag B. G. Teubner, Stuttgart 1985

Inhalt
Seite

1 Einführung

    1.1   Statik als Teil der Mechanik 13
    1.2   Baustatik als technisches Fachgebiet 15
    1.3   Wie lernt man Statik? 16

2 Zentrales ebenes Kraftsystem

    2.1   Definition 17
    2.2   Begriff der Kraft 18
    2.3   Kräfte auf Bauwerken 21
    2.4   Zeichnerische Behandlung des zentralen Kraftsystems 23
    2.4.1   Addition von Kräften; Parallelogramm der Kräfte und Krafteck .. 23
    2.4.2   Zerlegen einer Kraft in 2 Komponenten 24
    2.4.3   Resultierende, Festhaltekraft und Gleichgewicht 24
    2.5   Rechnerische Behandlung des zentralen Kraftsystems 26
    2.5.1   Zerlegen einer Kraft in 2 Komponenten 26
    2.5.2   Addition von Kräften 26
    2.5.3   Gleichgewicht und Festhaltekraft 26
    2.6   Kräfte auf einer Wirkungslinie 28
    2.7   Ausblick auf das zentrale räumliche Kraftsystem 29

3 Allgemeines ebenes Kraftsystem

    3.1   Definition 29
    3.2   Rechnerische Behandlung des allgemeinen Kraftsystems 29
    3.2.1   Moment einer Kraft 29
    3.2.2   Moment eines Kräftepaares 31
    3.2.3   Resultierende Wirkung des allgemeinen Kraftsystems 33
    3.2.4   Gleichgewicht und Festhaltekraft 34
    3.3   Zeichnerische Behandlung des allgemeinen Kraftsystems 35
    3.3.1   Verschiebungssatz 35
    3.3.2   Addition von Kräften mittels Teilresultierender 36
    3.3.3   Gleichgewicht und Festhaltekraft 37
    3.4   Sonderfälle 37
    3.4.1   Zwei Kräfte 37
    3.4.2   Drei Kräfte 37
    3.4.3   Vier Kräfte 38
    3.4.4   Culmann'sche Gerade 39

4 Statisch bestimmt gelagerte Träger

    4.1   Begriff des Trägers 40
    4.2   Lagerarten 41
    4.3   Statisch bestimmte und unbestimmte Lagerung 42
    4.4   Lagerreaktionen bei statisch bestimmt gelagerten Trägern 43

5 Schnittkräfte

- 5.1 Schnittprinzip... 46
- 5.2 Bestimmung der Schnittkräfte............................ 47
- 5.3 Vorzeichen der Schnittkräfte............................ 49

6 Normalkraftwirkung und Dehnung

- 6.1 Spannung.. 51
- 6.2 Dehnung... 52
- 6.2.1 Definition.. 52
- 6.2.2 Elastische Dehnung...................................... 53
- 6.2.3 Querdehnung... 54
- 6.2.4 Temperaturdehnung....................................... 55
- 6.2.5 Plastische Verformung................................... 56
- 6.3 Schwerpunkt und Schwerachse............................. 57

7 Momentenwirkung

- 7.1 Technische Biegelehre................................... 61
- 7.2 Biegespannungen... 62
- 7.3 Trägheitsmoment, Widerstandsmoment...................... 64
- 7.4 Hauptachsen des Querschnitts............................ 66
- 7.5 Zweiachsige Biegung..................................... 68
- 7.6 Gleichzeitige Wirkung von M und N....................... 70
- 7.6.1 Allgemeines... 70
- 7.6.2 Exzentrische Normalkraft bei zugfesten Baustoffen....... 70
- 7.6.3 Exzentrische Normalkraft bei versagender Zugzone........ 72

8 Querkraftwirkung

- 8.1 Reine Querkraftwirkung.................................. 75
- 8.2 Querkraftbiegung.. 76
- 8.3 Schubspannungen in Rechteck- und I-Profilen............. 79

9 Schnittkraftflächen

- 9.1 Ableitung... 79
- 9.2 Bedeutung der Schnittkraftflächen....................... 80
- 9.3 Zusammenhang Belastung -Querkraft-Biegemoment........... 81

10 Träger auf zwei Stützen und Kragträger

- 10.1 Stützweite.. 83
- 10.2 Gerade Träger... 83
- 10.3 Schräge Träger.. 85
- 10.4 Geknickte Träger.. 86

11 Gelenkträger

- 11.1 Allgemeines... 87
- 11.2 Schnittkraftflächen..................................... 88

11.2.1 Lösung über Gleichungssystem 88
11.2.2 Prinzip des Stapelns................................... 88
11.2.3 Prinzip der Schlußlinie 89
11.3   Konstruktive Gesichtspunkte 89
11.3.1 Gelenkfelder... 89
11.3.2 Lage der Gelenke 90
11.3.3 Ausbildung der Gelenke 91
11.3.4 Gestaltung 91

12 Statisch bestimmte Rahmen

12.1   Allgemeines 92
12.2   Schnittkraftflächen.................................... 94
12.2.1 Dreigelenkrahmen mit gleichhohen Stielen 94
12.2.2 Dreigelenkrahmen mit ungleichen Stielen 96
12.3   Konstruktive Gesichtspunkte 97
12.3.1 Riegel- und Fußgelenke 97
12.3.2 Lage der Riegelgelenke und Gestaltung.................. 98
12.3.3 Einfluß der Herstellung 99

13 Bogen, Stützlinie und Hängeseil

13.1   Allgemeines 101
13.2   Schnittkraftflächen des Dreigelenkbogens 102
13.3   Stützlinie 104
13.4   Seillinie 106
13.5   Konstruktive Gesichtspunkte 107
13.5.1 Gelenke.. 107
13.5.2 Aufnahme der Horizontalkraft 108
13.5.3 Auswirkung unsymmetrischer Zusatzlasten 109
13.5.4 Lastabtragung über N oder M 110

14 Ebene Fachwerkträger

14.1   Allgemeines 113
14.2   Rechnerische Ermittlung der Stabkräfte................. 115
14.3   Graphische Ermittlung der Stabkräfte................... 117
14.4   Konstruktive Gesichtspunkte 118
14.4.1 Anwendung von Fachwerken............................... 118
14.4.2 Zug- oder Druckdiagonalen.............................. 119
14.4.3 Knotenpunkte... 119
14.4.4 Aussteifung der Druckstäbe 120
14.4.5 Fachwerkanalogien 121

15 Durchbiegung

15.1   Allgemeines 124
15.2   Die Biegelinie 125
15.3   Mathematische Lösung der Differentialgleichung 126
15.4   Häufig auftretende Durchbiegungswerte.................. 127
15.5   Konstruktive Gesichtspunkte 129

16 Knicken

16.1	Allgemeines	131
16.2	Der Euler-Stab	132
16.3	Die 4 Euler-Fälle	133
16.4	Praktische Behandlung des Knickproblems	135
16.4.1	Schlankheit des Knickstabes	135
16.4.2	Das ω-Verfahren	136
16.4.3	Das ΔM-Verfahren	137
16.5	Weitere Stabilitätsfälle	138
16.5.1	Beulen	138
16.5.2	Drillknicken	139
16.5.3	Kippen	139
16.6	Konstruktive Gesichtspunkte	140
16.6.1	Formgebung	140
16.6.2	Starke und schwache Knickachse	141
16.6.3	Montagefälle	142
16.6.4	Obergurte von Fachwerkträgern	142

17 Statisch unbestimmte Systeme

17.1	Prinzip der rechnerischen Behandlung	145
17.2	Gebrauch von Tabellen	147
17.2.1	Mehrfeldträger mit gleichen Stützweiten	147
17.2.2	Zweifeldträger mit ungleichen Stützweiten	149
17.2.3	Abschätzen von Schnittkräften durch Vergleich	149
17.2.4	Statisch unbestimmte Rahmen	149
17.3	Der Vierendeel-Träger	150
17.4	Unterspannte und abgespannte Träger	152
17.5	Innerlich statisch unbestimmte Systeme und Systeme veränderlicher Gliederung	153
17.6	Konstruktive Gesichtspunkte	155
17.6.1	Statisch bestimmt oder unbestimmt konstruieren?	155
17.6.2	Vereinfachte Systeme und Randeinspannung	156
17.6.3	Form und Momentenbeanspruchung	157

18 Torsion

18.1	Torsionsmoment	161
18.2	Torsion bei Kreisquerschnitten	162
18.3	Torsion bei Kreisringquerschnitten	163
18.4	Dünnwandige geschlossene Hohlprofile	164
18.5	Torsion bei Rechteckquerschnitten	165
18.6	Strömungsgleichnis	165
18.7	Torsion dünnwandiger offener Profile	165
18.8	Konstruktive Gesichtspunkte	167
18.8.1	Querschnitte bei Torsionsbeanspruchung	167
18.8.2	Instabilität und Torsionssteifigkeit	168
18.8.3	Torsionsverformung und Theorie 2. Ordnung	169
18.8.4	Schubmittelpunkt	169

19 Hauptspannungen und Trajektorien

19.1 Spannungen bei gedrehtem Koordinatensystem 172
19.2 Hauptspannungen 173
19.3 Hauptspannungs-Trajektorien 175
19.4 Bedeutung der Hauptspannungen 176

20 Flächentragwerke: Platten, Scheiben, Schalen, Faltwerke

20.1 Begriffe 179
20.2 Platten 179
20.3 Scheiben und wandartige Träger 182
20.4 Schalen 185
20.5 Faltwerke 187

21 Dynamische Beanspruchung von Tragwerken

21.1 Allgemeine Grundlagen 189
21.2 Stoßartige und fallende Lasten 190
21.3 Schwingung und Resonanz 191
21.4 Wirkung von Erdbeben 193
21.5 Materialverhalten unter dynamischer Belastung 194

ANHANG

Beispiele von Bezeichnungen und Einheiten 197
Umrechnung von neuen in alte Einheiten 197
Eigengewichte von Baustoffen 198
Verformungskennwerte von Baustoffen 198
Zulässige Spannungen von Baustoffen 199
Beschränkung der Durchbiegungen 199
Statische Werte von Einfeldträgern 200
Statische Werte von Durchlaufträgern 201
Knickzahlen ω 202
Profiltafeln I-, IPB-, U-Profile 203
Profiltafeln Kreis-, Quadrat-, Rechteckrohr 204
Profiltafeln Rechteckquerschnitte 205

STICHWORTVERZEICHNIS 206

Verzeichnis der abgebildeten Modelle

Modell Nr.		Seite
1	Actio = Reactio	29
3	Parallelogramm der Kräfte — Krafteck	29
4	Seileck — Gleichgewichtslage	2
10	Auflagerkräfte	45
11	Drehmoment auf Einfeldträger	45
12	Schnittkräfte im Balken	50
13	Querkraft-Balken	50
14	Schwerpunkt, Schwerlinie	60
15	Spannung zentrisch — exzentrisch	60
17	Biegebalken	74
20	Dübelbalken — Schubspannung	75
21	Hauptspannungen	178
24	Knickfiguren — Eulerfälle	143
25	Knicken mehrteiliger Stäbe	144
26	Knicken von Stützenketten	144
27	Kippen von Trägern	145
28	Einfeldträger unterschiedlicher Lagerung	130
32	Zweifeldträger	158
33	Durchlaufträger über 3 Felder	158
34	Rahmenarten	100
36	Gleichgewichtslage 3-Gelenk-Rahmen	100
37	2-Gelenk-Rahmen	159
39	Stockwerkrahmen	159
41	Gewölbe	112
42	Stützlinie Bogen	111
44	Bogen unsymmetrisch belastet	111
45	Seillinie und Stützlinie	112
46	Ritterschnitt Fachwerkträger	122
47	Fachwerkträger	123
48	Fachwerkrahmen	123
50	Torsionssteifigkeit verschiedener Querschnitte	171
51	Torsionsrohr und geschlitztes Rohr	171
70	Fachwerkknoten aus Stahl	122
83	4-seitig gelagerte Platte	188
84	Drehwinkel am Deckenauflager	130
94	3-seitig gelagerte Platte	188
98	Spaltzugkräfte	178
111	Unterspannter Träger	160
112	Vierendeelträger oder Rahmenträger	160

1. Einführung

1.1. Statik als Teil der Mechanik

Die Mechanik ist ein Teilgebiet der Physik. Unter Physik verstehen wir diejenige Wissenschaft, die die Gesetzmäßigkeiten des Naturgeschehens erforscht und formuliert. Die Mechanik behandelt einen Teilbereich daraus, nämlich die Gesetzmäßigkeit der Bewegung von Körpern, wobei der Sonderfall der Ruhe (Bewegung = 0) eingeschlossen ist.

Diese Aufgabe der Mechanik wird in zwei Teilgebieten behandelt:

Die Kinematik beschäftigt sich mit der Geometrie der Bewegung, wobei deren Ursachen außer Betracht bleiben. Die Dynamik dagegen untersucht die Ursachen der Bewegung und die Zusammenhänge zwischen Kräften und Bewegung.

Die Dynamik wiederum gliedert sich in zwei Bereiche: Der Sonderfall der Ruhe, also der Bewegung = 0, nimmt eine besondere Bedeutung ein; die Gesetzmäßigkeiten dieses Sonderfalles lehrt die Statik. Die Kinetik hingegen untersucht den allgemeinen Fall der bewegten Körper. Im allgemeinen Sprachgebrauch wird der Begriff **Kinetik** oft durch den Oberbegriff **Dynamik** ersetzt. So versteht man z. B. unter "statischer" Beanspruchung die Beanspruchung durch gleichbleibende (vorhandene) Kräfte, etwa das Eigengewicht eines Balkens. Als "dynamische" Beanspruchung hingegen bezeichnet man die Beanspruchung durch häufig wechselnde Kräfte, etwa aus Schwingungen.

Beispiele: Eine Fußgängerbrücke aus Stahlbeton ist als statisch beanspruchtes Tragwerk anzusehen, da die wechselnde Last aus dem Fußgängerverkehr von untergeordneter Bedeutung gegenüber der überwiegenden statischen Belastung aus dem Eigengewicht der Konstruktion ist. Eine Eisenbahn- oder Autobahnbrücke hingegen gilt als dynamisch beansprucht, da die Belastung aus Eisenbahn oder Autos häufig wechselnde Beanspruchungen im Tragwerk zur Folge hat. Diese Unterscheidung ist wichtig, da Tragwerke auf dynamische Lasten anders, u. z. meistens ungünstiger, reagieren als auf statische Lasten.

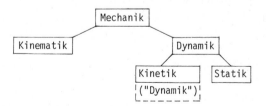

14   1. Einführung

Statik (lat. stare, statum = feststehen) ist also die Lehre von den Kräften, die im Gleichgewicht stehen, so daß der Körper, auf den die Kräfte wirken, sich nicht bewegt, also in Ruhe bleibt.

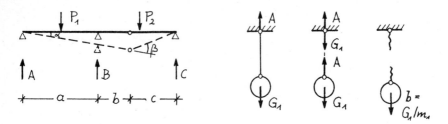

Bild 1.1: Gelenkträger verformt   Bild 1.2: Lastaufhängung

Ein einfaches Beispiel zur Erläuterung der Begriffe: In Bild 1.1 ist ein Gelenkträger unter Belastung dargestellt. Statische Fragestellung: Wie groß sind die Lagerkräfte A, B und C, damit Gleichgewicht herrscht? Kinematische Fragestellung: Das Fundament unter dem Lager B setzt sich um den Betrag Δ. Welche Verformung entsteht daraus für das Gelenk? Wie groß ist die Neigung α oder der Knick β im Gelenk? Dynamische Fragestellung: Die Last P_1 ist nicht ruhend, sondern häufig wiederholt, z. B. aus der Unwucht einer Maschine. Sie regt daher den Balken zum Schwingen an. Wie groß ist die Eigenfrequenz des Balkens? Besteht die Gefahr der Resonanz?

Die Mechanik beruht auf drei Grundgesetzen, die Newton (1642-1727) formulierte.

1. Trägheitsgesetz: Ein Körper verharrt im Zustand der Ruhe oder der gleichförmigen Bewegung, solange keine Kräfte auf ihn einwirken. Oder anders ausgedrückt: Der Zustand des Körpers ändert sich nicht, solange die Summe der auf ihn einwirkenden Kräfte Null ist, solange die auf ihn einwirkenden Kräfte im Gleichgewicht stehen.

Einfache Beispiele: Eine Rakete im Weltraum behält auch nach dem Abschalten des Raketenmotors Richtung und Geschwindigkeit bei, solange sie nicht in das Schwerefeld eines Himmelskörpers, also unter die Einwirkung anderer Kräfte, gerät. - Oder: Ein Körper mit dem Gewicht G_1 hängt nach Bild 1.2 an einem Seil. Es herrscht Gleichgewicht, d. h. der Körper bleibt in Ruhe, wenn die Aufhängekraft A = G_1 aufgenommen werden kann.

2. Bewegungsgesetz: Die Beschleunigung eines Körpers ist proportional der auf ihn einwirkenden Kraft: KRAFT = MASSE x BESCHLEUNIGUNG.

Beispiel nach Bild 1.2: Reißt das Seil, so steht die am Körper angreifende Kraft G_1 nicht mehr im Gleichgewicht, da die das Gleichgewicht bildende Reaktionskraft A nicht mehr wirksam werden kann. Der Körper bewegt sich also, er fällt in Richtung von G_1, da die Kraft G_1 auf die Masse m_1 eine Beschleunigung $b = G_1 / m_1$ ausübt. (Siehe auch Modell 2).

3. Reaktionsprinzip: Die Kraftwirkung eines Körpers A auf einen anderen Körper B entspricht der Gegenwirkung von B auf A: ACTIO = REACTIO.

Beispiel nach Bild 1.2: Der Körper zieht am Auflager mit der Kraft G_1 nach unten, also wirkt auf das Lager die Auflagerkraft $A = G_1$. Umgekehrt zieht aber die gleiche Auflagerkraft A am Körper nach oben: ACTIO = REACTIO. (Siehe auch Bild 2.16).

Auf diesen Grundgesetzen baut die Mechanik, und damit auch die Statik auf. In der Tragwerkslehre sind insbesondere die Gesetze 1 und 3 von Bedeutung: Für Bauwerke streben wir stets den Zustand der Ruhe an, also müssen alle einwirkenden Kräfte, z. B. Eigengewicht, Wind, Schnee, Erddruck, Bodenpressung usw. im Gleichgewicht stehen. Gleichgewicht entsteht, wenn die angreifenden Kräfte, z. B. das Eigengewicht, gleich den Reaktionskräften, z. B. aus der Bodenpressung, sind. Stehen die Kräfte nicht im Gleichgewicht, bleibt also eine resultierende Kraft übrig, so wird diese das Tragwerk beschleunigen, was im Regelfall den Einsturz des Gebäudes bedeutet.

1.2. Baustatik als technisches Fachgebiet

Die Entwicklung der heutigen Technik beruht auf der schöpferischen Anwendung der Naturwissenschaften auf praktische Entwicklungen. Das durch die Naturwissenschaften geschaffene Wissen dient der Schöpfung neuer Techniken und neuer Produkte. Die Mechanik als grundlegendes Teilgebiet der Physik wird ausgebaut zur Grundlage der Ingenieurwissenschaften (Technische Mechanik). Die Anwendung der Statik auf die Probleme des Bauwesens (seit etwa 1800) führt zum technischen Fachgebiet Baustatik. Die von Physikern geschaffenen Grundlagen werden somit aufgenommen und für die schöpferische Anwendung ausgebaut zu den Ingenieurwissenschaften.

Die Baustatik beschäftigt sich insbesondere mit folgenden Fragen:

Standsicherheit: Wie groß ist die Sicherheit eines Tragwerkes oder eines Tragelements gegenüber dem Bruchzustand? Herrscht Gleichgewicht der Kräfte?

Gebrauchsfähigkeit: Ist die Konstruktion, Standsicherheit vorausgesetzt, auch für den Gebrauch geeignet? Oder ist die Gebrauchsfähigkeit durch Risse, Verformungen, Schwingungsanfälligkeit usw. eingeschränkt?

Wirtschaftlichkeit: Steht der erforderliche Aufwand zur Ausführung einer Konstruktion im richtigen Verhältnis zum gewünschten Ergebnis? Oder läßt sich mit gleichem Ergebnis eine andere Konstruktion wirtschaftlicher, schneller, einfacher ausbilden?

Beim Entwurf von Tragwerken lauten die Fragen entsprechend: Wie muß das Tragwerk als ganzes und wie müssen die einzelnen Elemente ausgebildet werden, damit sie standsicher, gebrauchsfähig und wirtschaftlich sind?

Als Beispiel sei der Dachstuhl eines Wohnhauses betrachtet: Welche Abmessungen müssen die einzelnen Elemente dieses Tragwerkes, nämlich Sparren, Pfetten, Stützen usw., haben, damit sie die zu erwartenden Lasten mit der angestrebten Sicherheit tragen können? Wie müssen sie ausgebildet sein, damit sie sich nicht zu stark verformen? Und sind die Elemente so zusammengefügt, daß eine wirtschaftliche Konstruktion entsteht? Oder erreichen andere Konstruktionen mit geringerem Aufwand an Material und Arbeit das gleiche Ziel, nämlich Standsicherheit und Gebrauchsfähigkeit?

Zur Beantwortung dieser Fragen wurden in der Baustatik mehrere Methoden entwickelt. Die zeichnerischen Verfahren, z. B. Parallelogramm der Kräfte, sind meistens zwar anschaulich, aber aufwendig und ungenau. Sie wurden deshalb weitgehend verdrängt durch die rechnerischen Verfahren. Die Methoden der Messung von Kräften und Verformungen an Modellen (Modellstatik) ist ebenfalls auf Sonderfälle beschränkt, da sie teuer und zeitaufwendig ist und die Umsetzung der Ergebnisse Probleme des Modellmaßstabes und der Randeinflüsse mit sich bringt. Im Regelfall kommen daher heute rechnerische Verfahren zur Anwendung.

1.3. Wie lernt man Statik?

Nachdenken und üben - das sind die beiden wichtigsten Komponenten eines jeden Studiums. Nachdenken über das, was man in Vorlesungen gehört oder in Büchern gelesen hat, ist die Voraussetzung zum Erfassen der Zusammenhänge. Üben ist nötig zur Vertiefung und Kontrolle des Wissens und zum Erreichen einer gewissen Routine, die für den weiteren Lernprozeß unerläßlich ist. Nachdenken kann nur jeder für sich, üben kann man alleine oder in Gruppen. Dem Vorteil der Gruppe, sich gegenseitig weiterhelfen zu können, steht als Gefahr gegenüber, daß andere einem das eigene Nachdenken abnehmen und dadurch der eigentliche Lerneffekt verlorengeht. Wie überall im Leben ist auch hier der goldene Mittelweg zwischen Einzel- und Gruppenarbeit empfehlenswert.

Die Grundlagen der Technischen Mechanik, also auch der Baustatik, sind notwendige Voraussetzungen für jede entwickelnde Tätigkeit innerhalb einer Technik. Sie stellen eine Art technischer Allgemeinbildung dar. Die heute im Bauwesen bei uns übliche Arbeitsteilung bewirkt, daß die detaillierten statischen Nachweise vorwiegend von Bauingenieuren geführt werden. Sie werden daher neben einem vertieften Grundlagenwissen die verschiedenen Nachweisverfahren lernen müssen. Architekten wiederum benötigen vorwiegend ein auf das Entwerfen von Bauwerken ausgerichtetes Grundlagenwissen. Die Grundlagen der Baustatik sind für sie notwendige Voraussetzung für den Entwurf von Bauwerken, für die technisch sinnvolle Formgebung tragender Bauteile, für die Beurteilung der Wirtschaftlichkeit einer Konstruktion. Sie sind Voraussetzung für die Übernahme von Verantwortung in der Bauleitung und sind Voraussetzung für eine verständnisvolle und ergiebige Zusammenarbeit mit Fachingenieuren.

2. Zentrales ebenes Kraftsystem

2.1. Definition

Das zentrale ebene Kraftsystem ist gekennzeichnet dadurch, daß alle Kräfte in einer Ebene liegen und ihre Wirkungslinien sich in einem einzigen Punkt schneiden. Ein typisches Beispiel sind die Knoten von Fachwerkträgern nach Bild 2.1.

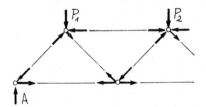

Bild 2.1: Fachwerkknoten als zentrale ebene Kraftsysteme

2. Zentrales ebenes Kraftsystem

Die meisten Baukonstruktionen stellen räumliche Kraftsysteme dar. Im Regelfall lassen sich sich jedoch mit ausreichender Genauigkeit in ebene Teilsysteme zerlegen, die einfacher zu erfassen sind. Das in Bild 2.2 dargestellte System von Längs- und Querträgern z. B. stellt in den Durchdringungspunkten räumliche Systeme dar. Dennoch genügt es meistens, jeden Träger und jeden Knotenpunkt für sich als ebenes System zu behandeln.

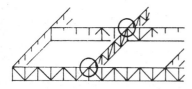

Bild 2.2: Räumliche Kraftsysteme

2.2. Begriff der Kraft

Die Kraft ist der wichtigste Begriff der Statik, da alle Tragwerke von Kräften beansprucht werden. Die Kraft ist ein abstrakter Begriff. Diese Abstraktheit stellt eine Schwierigkeit für den Lernenden dar. Einer Stütze z. B. können wir nicht ansehen, welche Kräfte sie trägt. Kräfte erkennt man nur an ihrer Wirkung: Bewegungen als Folge von Kräften, Reaktionskräfte als Folge von verhinderter Bewegung, Verformungen von Körpern, die unter Krafteinfluß stehen. Typisches Beispiel einer Bewegung: Freier Fall, verursacht durch die Erdanziehungskraft. Soll die Bewegung verhindert werden, ist die angreifende Kraft durch eine entgegengesetzt gerichtete, gleichgroße Kraft ins Gleichgewicht zu bringen.
Beispiel: Erst beim Heben eines Körpers spüren wir die angreifende Kraft, nämlich das Eigengewicht, über unsere Muskelkraft, die als Reaktion wirkt.
Beispiel: Jeder im Gleichgewicht stehende Körper verformt sich unter dem Krafteinfluß: Eine Feder verlängert sich in Kraftrichtung unter dem Angriff einer Zugkraft, eine Stütze verkürzt sich unter einer Druckkraft. Auch wenn diese Verformungen meistens so klein sind, daß das freie Auge sie nicht wahrnehmen kann, sind sie unvermeidliche Auswirkungen von Kräften.

Alle Kräfte sind durch 3 Bestimmungsstücke (Bild 2.3) zu beschreiben:

2.2. Begriff der Kraft

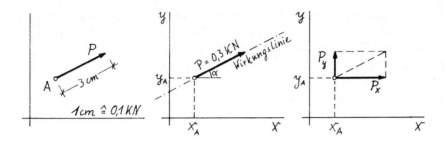

Bild 2.3: Darstellung der Kraft P
zeichnerisch, rechnerisch und in Komponentendarstellung

a) <u>Angriffspunkt A,</u> zeichnerisch dargestellt durch den Punkt A, rechnerisch durch die Koordinaten x_A und y_A.

b) <u>Richtung der Kraft,</u> zeichnerisch dargestellt durch die Gerade = Wirkungslinie und Pfeilrichtung, rechnerisch dargestellt durch den Winkel α, der die Steigung der Wirkungslinie im Koordinatensystem beschreibt. Eine entgegengesetzt gerichtete Kraft hätte den Winkel $\alpha_1 = \alpha + 180°$.

c) <u>Größe der Kraft,</u> zeichnerisch dargestellt durch die Länge des Kraftpfeiles in Verbindung mit Maßstabangabe, z. B. 1 cm $\hat{=}$ 0,1 kN; ein 3 cm langer Pfeil bedeutet dann P = 0,3 kN. Rechnerisch dargestellt durch Zahlenangabe, z. B. P = 0,3 kN.

<u>Alternativ</u> zu b) und c): Komponenten P_x und P_y der Kraft P im Punkt A.

Die Größe der Kraft allein beschreibt also die Kraft nicht ausreichend, vielmehr ist Angriffspunkt und Kraftrichtung zur Beschreibung ebenfalls erforderlich. Man nennt deshalb die Kraft eine gerichtete Größe oder einen Vektor.

Kräfte sind meßbar, z. B. durch unmittelbaren Vergleich mit bekannten Eigengewichtskräften (Waagebalken, Dezimalwaagen), oder über die meßbare Dehnung von Elementen, die von der Kraft beansprucht werden (Federwaagen, Dehnmeßdosen usw.). Die <u>Dimension der Kraft</u> wurde mehrfach geändert. Bis vor wenigen Jahren galt als Einheit 1 p (Pond) diejenige Kraft, die die Masse 1 g auf unserer Erde als Eigengewicht erzeugte. Entsprechend war 1 kp das Eigengewicht der Masse 1 kg. Diese sehr praktikablen Dimensionen wurden aufgrund internationaler Vereinbarungen durch das SI-System abgelöst. Danach ist heute die Einheit der Kraft 1 N (Newton) bzw. 1 kN. Es gilt: 9,81 N sind das Gewicht der Masse 1 kg. Die unterschiedlichen

20   2. Zentrales ebenes Kraftsystem

Zahlenwerte von Kraft und Masse führen leider häufig zu gefährlichen Dimensionsfehlern. Als Hilfe sei genannt: 1 N ist das Gewicht eines Apfels, der üblicherweise die Masse von ~ 100 g hat. (Die Legende besagt, daß Newton die Grundgesetze der Mechanik fand, als er unter einem Apfelbaum ruhte und ihm ein Apfel auf den Kopf fiel.) 1 kN ist das Gewicht eines kräftigen Bauarbeiters von der Masse ~ 100 kg. Der Zahlenwert 9,81 stammt aus K = m · b mit b = Erdbeschleunigung g = 9,81 m/sec^2.

Die an Bauwerken auftretenden Kräfte haben verschiedene Ursachen. Einige Beispiele siehe Bild 2.4:

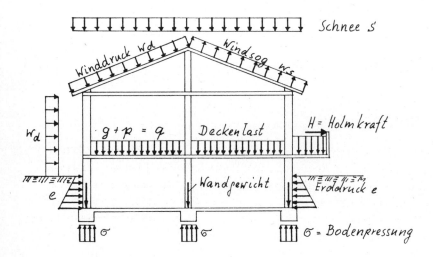

Bild 2.4: Kräfte auf ein Bauwerk

Vertikalkräfte: im allgemeinen Einwirkung der Schwerkraft, z. B. Eigengewicht g, Verkehrslast p, Gesamtlast q (ruhende Lasten); spezielle Einwirkung von Massenkräften (dynamische Lasten).

Horizontale Kräfte: Windkräfte, Erddruck, Wasserdruck, Erdbebenkräfte.

Kräfte treten fast immer als Flächen- oder als Volumenkräfte auf. Zur Vereinfachung werden sie jedoch oft gemäß Bild 2.5 idealisiert als Linien- oder Punktkräfte.

	Bezeichnung	Symbol	Dimension	Beispiele
Einzellast	Punktkraft	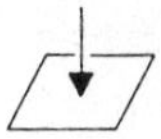	N kN MN	Pfostenkräfte, Lagerkräfte (idealisiert).
verteilte Lasten	Linienkraft	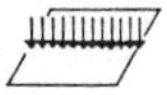	N/cm kN/m MN/m	Gewichte von Wänden und Trägern (idealisiert).
	Flächenkraft	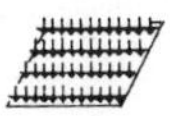	N/cm^2 kN/m^2 MN/m^2	Deckengewicht, Schneelast, Windlasten, Erddruck (häufig idealisiert).
	Volumenkraft	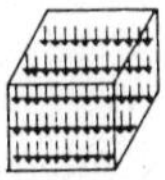	N/cm^3 kN/m^3 MN/m^3	spezifische Gewichte.

Bild 2.5: Formen der Kraftwirkung

2.3. Kräfte auf Bauwerken

Um die statischen Nachweise zu vereinheitlichen, sind die Lasten (Kräfte), die üblicherweise auf Bauwerke wirken, in Vorschriften gesammelt. Maßgebend ist DIN 1053: Lastenannahmen für Bauten. Die darin festgelegten Werte sind Erfahrungswerte, von denen nur in begründeten Ausnahmefällen abgewichen werden sollte. Im folgenden werden einige Werte als Anhalt aufgeführt, weitere Werte siehe Wortlaut der Norm.

<u>DIN 1055 Teil 1:</u> Eigenlasten von Baustoffen und Bauteilen, z. B.

Holz	6 kN/m^3	Stahl	78,5 kN/m^3	Pfannendach	0,55 kN/m^2	Dachfl.
Beton	24 "	Stahlbeton	25 "	Wellblechdach	0,25 "	
Granit	28 "	Gasbeton	8-10 "	Gipsputz	18,0 kN/m^3	
Ziegelmauerwerk 12 - 18 kN/m^3						

<u>DIN 1055 Teil 2:</u> Bodenwerte, z. B.

Sand, Kies, Ton   erdfeucht   18 bis 20 kN/m^3
                       wassergesättigt 20 bis 24 kN/m^3

2. Zentrales ebenes Kraftsystem

DIN 1055 Teil 3: Verkehrslasten, z. B.

Massive Wohnhausdecken	1,5 kN/m²
Büroräume, Holzbalkendecken, Krankenzimmer	2,5 kN/m²
Klassenzimmer, große Balkone > 10 m²	3,5 kN/m²
Garagen	3,5 kN/m²
Einzellasten auf Dachelemente	1,0 kN/m²
Horizontallasten auf Geländer und Brüstungen	0,5 - 1,0 kN/m
Versammlungsräume, kleine Balkone < 10 m²	5,0 kN/m²
Tribünen	5,0 kN/m²

DIN 1055 Teil 4: Windlasten

Der Winddruck ergibt sich aus $w = c \cdot q$, wobei c ein von der Form des Bauwerks abhängiger aerodynamischer Beiwert, q der von der Windgeschwindigkeit, und damit von der Höhe der Gebäude abhängiger Staudruck ist. Bei üblichen Bauwerken mit vertikaler Begrenzung ist $c = 1,2$. An Bauwerkskanten, bei turmartigen Bauwerken, Fachwerkstäben usw. kann der c-Wert größer als 1,2 werden, z. B. $c = 2,8$ betragen. Einige Werte für q und w sind in Bild 2.6 dargestellt. Mitunter ist es üblich, die Windlast in Winddruck w_d und Windsog w_s zu teilen, siehe Bild 2.6. In diesen Fällen müssen kleinflächige Elemente, z. B. Sparren, Fassadenstützen usw. mit $1,25\, w_d$ bemessen werden.

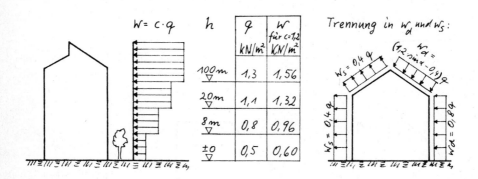

Bild 2.6: Windlasten

DIN 1055 Teil 5: Schneelasten

Die Schneelasten werden in kN/m² Grundrißfläche angegeben. Sie sind abhängig von Schneelastzone und Höhe über NN der Baustelle, sowie von der Dachneigung α.

2.4. Zeichnerische Behandlung des zentralen Kraftsystems

Im Rhein-Main-Gebiet z. B. ist für α = 0 bis 30° mit s = 0,75 kN/m² zu rechnen. Für α > 70° ist s = 0, da bei steilen Dächern der Schnee abrutscht. In schneereicher Gegen (Alpen, Schwarzwald) kann die Schneelast 5,5 kN/m² und mehr betragen. Einzelheiten siehe Normblatt.

2.4. Zeichnerische Behandlung des zentralen Kraftsystems

2.4.1. Addition von Kräften; Parallelogramm der Kräfte und Krafteck

Greifen 2 Kräfte P_1 und P_2 in einem Punkt A an, so lassen sie sich durch "geometrische Addition" zusammenfassen: Die resultierende Kraft $R_{1,2}$ ergibt sich als Diagonale im Parallelogramm der Kräfte P_1, P_2 nach Bild 2.7. Greifen mehrere Kräfte am selben Punkt an, so ist die geometrische Addition zu wiederholen: Die resultierende Kraft $R_{1,2,3}$ ergibt sich als Diagonale im Parallelogramm der Kräfte $R_{1,2}$ und P_3.

Anwendungsbeispiel: 3 Schlepper ziehen das Schiff A mit unterschiedlichen Kräften P_1, P_2 und P_3. Die resultierende Kraftwirkung auf das Schiff ist $R_{1,2,3}$.

Das Prinzip des Parallelogramms der Kräfte ist nicht beweisbar. Es ist ein Axiom, das nur durch Erfahrung bestätigt ist. Das Verfahren läßt sich vereinfachen, indem jeweils Pfeilende einer Kraft an Pfeilspitze der vorhergehenden Kraft angesetzt wird. Die Reihenfolge der Kräfte ist beliebig. Die resultierende Kraft ergibt sich als Verbindungslinie von Anfangs- und Endpunkt des Kraftecks (Bild 2.17).

Das Krafteck wird wegen des geringeren Aufwandes gegenüber dem Kräfteparallelogramm i. A. bevorzugt. Es hat allerdings den Nachteil, daß es nicht erkennen läßt, daß die Kräfte einen gemeinsamen Angriffspunkt besitzen.

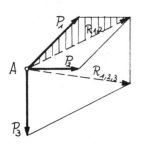 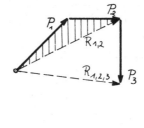

Bild 2.7: Geometrische Addition der Kräfte P_1, P_2 und P_3
Parallelogramm der Kräfte und Krafteck

2.4.2. Zerlegen einer Kraft in 2 Komponenten

Ist eine Kraft R gegeben und soll in 2 Komponenten P_1 und P_2, deren Wirkungslinien W_1 und W_2 gegeben sind, zerlegt werden, so ergeben sich die Komponenten P_1 und P_2 aus dem Krafteck bzw. dem Parallelogramm nach Bild 2.8. Ein häufiger Sonderfall ist die Zerlegung einer Kraft in Richtung der Ordinaten x und y (Bild 2.17).

Die 2 Komponenten einer Kraft lassen sich stets eindeutig bestimmen. Die Zerlegung einer Kraft in 3 oder mehr Komponenten ist nicht mehr eindeutig. Überprüfen Sie diese Behauptung!

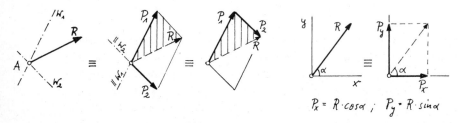

Bild 2.8: Zerlegen einer Kraft R in 2 Komponenten P_1, P_2 und P_x, P_y

2.4.3. Resultierende, Festhaltekraft und Gleichgewicht

Ein zentrales Kraftsystem ist im Gleichgewicht, wenn die Summe aller Kräfte Null ist. Schließt sich also das Krafteck aus allen angreifenden Kräften, so ist die resultierende Kraft Null, d. h. es herrscht Gleichgewicht. Schließt sich das Krafteck nicht, so bleibt eine resultierende Kraft R übrig, es herrscht kein Gleichgewicht. Das System kann gemäß Bild 2.9 dadurch ins Gleichgewicht gebracht werden, daß eine weitere Kraft addiert wird, die betragsmäßig gleichgroß, jedoch umgekehrt gerichtet wie R ist.

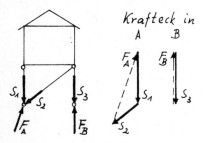

Bild 2.9: Festhaltekräfte F = -R

2.4. Zeichnerische Behandlung des zentralen Kraftsystems

Diese Kraft F = -R nennt man die Festhaltekraft. Sie schließt das Krafteck. Die Bestimmung der erforderlichen Festhaltekraft ist eine der Grundaufgaben der Statik, da stets der Gleichgewichtszustand gesucht wird, d. h. derjenige Zustand, in dem die Summe aller Kräfte Null ist.

Beispiel: Die Giebelwand eines Gebäudes nach Bild 2.9 sei auf Stützen gelagert. Diese Stützen erhalten die Stabkräfte S_1, S_2 und S_3, die bekannt sein sollen. Wie groß sind die Lagerkräfte in A und B? Die Resultierende $R_{1,2}$ folgt aus dem Krafteck S_1, S_2. Die Festhaltekraft (Lagerkraft) in A ist entgegengesetzt gerichtet $F_A = -R_{1,2}$ und schließt das Krafteck. Die gegebene Stabkraft S_3 ist gleichzeitig die resultierende Kraft in B. Die Festhaltekraft (Lagerkraft) in B ist $F_B = -S_3$.

Beispiel: Ein Kragdach ist durch 2 Seile abgespannt. Sie übertragen die Seilkräfte S_1 und S_2 auf den oberen Knoten. Wie groß sind die festhaltenden Kräfte V und D nach Bild 2.10? Die Resultierende $R_{1,2}$ der angreifenden Kräfte S_1 und S_2 ergibt sich aus dem Krafteck. Die Festhaltekraft ist $F = -R_{1,2}$. Sie wird im anschließenden Krafteck zerlegt in die Komponenten D und V. Am Knoten herrscht Gleichgewicht, wenn sich das Krafteck aus allen 4 Kräften schließt.

Achtung: Reihenfolge der Kräfte ist gleichgültig, jedoch stets Pfeilende an Pfeilanfang der vorhergehenden Kraft!

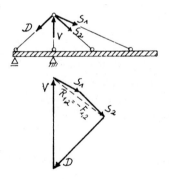

Bild 2.10: Abgespanntes Kragdach

2.5. Rechnerische Behandlung des zentralen Kraftsystems

2.5.1. Zerlegen einer Kraft in 2 Komponenten

Zur rechnerischen Behandlung des zentralen Kraftsystems werden vorerst alle Kräfte in ihre orthogonalen Komponenten in x-, y-Richtung zerlegt. Vgl. Bild 2.8:

$$P_x = R \cdot \cos \alpha \; ; \; P_y = R \cdot \sin \alpha$$
$$R = \sqrt{P_x^2 + P_y^2} \; ; \; \text{tg} \, \alpha = P_y/P_x$$

2.5.2. Addition von Kräften

Alle in der gleichen Richtung wirkenden Kraftkomponenten werden addiert:

$$R_x = \Sigma P_x \quad R_y = \Sigma P_y \quad R = \sqrt{R_x^2 + R_y^2} \qquad (2.1)$$

2.5.3. Gleichgewicht und Festhaltekraft

Das System ist im Gleichgewicht, wenn die Summe aller Kräfte Null ist, $R = 0$. In Komponenten-Darstellung lautet daher die Gleichgewichtsbedingung:

$$\Sigma P_x = 0 \; \text{und} \; \Sigma P_y = 0$$

oder $\qquad \Sigma H = 0; \quad \Sigma V = 0 \qquad (2.2)$

Erfüllen die angreifenden Kräfte diese Bedingungen nicht, herrscht kein Gleichgewicht. Um Gleichgewicht herzustellen, sind Festhaltekräfte F_x und F_y so zu addieren, daß die Gleichgewichtsbedingungen (2.2) erfüllt sind:

$$F_x + \Sigma P_x = 0; \; F_y + \Sigma P_y = 0 \qquad (2.3)$$

Beispiel: Ein Pfahlbock nach Bild 2.11 trägt die Kräfte P_1, P_2 und P_3. Wie groß ist die resultierende, angreifende Kraft? Wie groß sind die Pfahlkräfte S_1 und S_2? Die angreifenden Kräfte werden vorerst in Komponenten in x- und y-Richtung zerlegt. Die Teilresultierenden R_x und R_y sowie die Resultierende R folgen aus (2.1). Um Gleichgewicht herzustellen, muß (2.2) bzw. (2.3) erfüllt sein. Daraus folgen die Bedingungsgleichungen für die unbekannten Stabkräfte S_1 und S_2. Zur Kontrolle und zur besseren Anschauung ist außerdem das Krafteck dargestellt; es schließt sich, da alle

Kräfte im Gleichgewicht stehen.

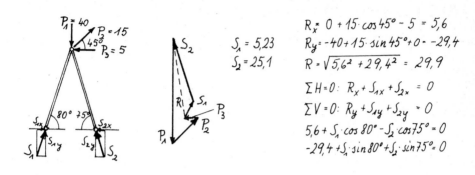

$R_x = 0 + 15 \cdot \cos 45° - 5 = 5{,}6$
$R_y = -40 + 15 \cdot \sin 45° + 0 = -29{,}4$
$R = \sqrt{5{,}6^2 + 29{,}4^2} = 29{,}9$

$\Sigma H = 0: \quad R_x + S_{1x} + S_{2x} = 0$
$\Sigma V = 0: \quad R_y + S_{1y} + S_{2y} = 0$
$5{,}6 + S_1 \cdot \cos 80° - S_2 \cdot \cos 75° = 0$
$-29{,}4 + S_1 \cdot \sin 80° + S_2 \cdot \sin 75° = 0$

$S_1 = 5{,}23$
$S_2 = 25{,}1$

Bild 2.11: Pfahlbock, belastet mit P_1, P_2 und P_3

Beispiel: Eine Lampe mit dem Gewicht P hängt nach Bild 2.12 an einem symmetrisch angeordneten Seil. Welcher Neigungswinkel α ist zu wählen, damit die Seilkräfte $S_1 = S_2 = P$ sind? Da das System symmetrisch ist und die äußere Last vertikal angreift, folgt aus $\Sigma H = 0$, daß $S_1 = S_2$.

Aus der Gleichgewichtsbedingung $\Sigma V = 0$ am Knoten folgt die Bedingungsgleichung für α. Zur Kontrolle und besseren Darstellung ist wieder das Krafteck dargestellt. Frage: Wie groß werden die Seilkräfte für kleine Winkel α, besonders für $\alpha = 0$? Warum?

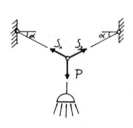

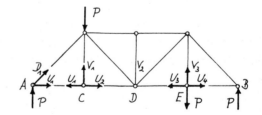

$\Sigma H = 0: \quad S_1 = S_2$
$\Sigma V = 0: \quad S_1 \cdot \sin\alpha + S_2 \cdot \sin\alpha = P$
$S_1 = S_2 \stackrel{!}{=} P$:
$\alpha = \arcsin 0{,}5 = 30°$

$A: \Sigma V = 0: \quad D_1 \cdot \sin\alpha + P = 0 \quad \to \quad D_1$
$ \Sigma H = 0: \quad D_1 \cos\alpha + U_1 = 0 \quad \to \quad U_1$
$C: \Sigma V = 0: \quad V_1 = 0$
$ \Sigma H = 0: \quad U_1 - U_2 = 0 \quad \to \quad U_2 = U_1$
$E: \Sigma V = 0: \quad V_3 - P = 0 \quad \to \quad V_3 = P$

Bild 2.12: Seilaufhängung   Bild 2.13: Fachwerk

2. Zentrales ebenes Kraftsystem

Beispiel: Das Fachwerk nach Bild 2.13 sei symmetrisch ausgebildet. Gesucht sind die Kräfte in einzelnen Stäben. Vorerst werden die Gleichgewichtsbedingungen für den Knoten A aufgestellt. Daraus ergibt sich U_1 und D_1. Damit lassen sich die Gleichgewichtsbedingungen für den Knoten C auswerten. Hieraus folgt $V_1 = 0$ und $U_1 = U_2$. Warum? Das Gleichgewicht am Knoten E liefert $V_3 = P$. Warum ist $V_3 \neq V_1$? Bestimmen Sie über das Gleichgewicht an anderen Knoten die übrigen Stabkräfte.

2.6. Kräfte auf einer Wirkungslinie

Wirken mehrere Kräfte auf einer Wirkungslinie, entartet das Krafteck zu einer Geraden, auf der sich die Kräfte als Geradenstücke addieren. Auch hier herrscht Gleichgewicht, wenn das Krafteck sich schließt, d. h. wenn sich die Kraftpfeile lückenlos aneinander reihen. Im Bild 2.14 ist dieses Prinzip beim Seilziehen dargestellt (Modell 1). An diesem Beispiel erkennt man auch folgende Lehrsätze:

"2 Kräfte stehen nur dann im Gleichgewicht, wenn sie gleichgroß sind und auf der gleichen Wirkungslinie entgegengesetzt wirken."

"2 Kräfte, die nicht auf der gleichen Wirkungslinie wirken, haben stets eine Resultierende, können also nicht im Gleichgewicht stehen."

"Eine Kraft ist Null, wenn ihre beiden (beliebig gerichteten) Komponenten Null sind."

Machen Sie sich diese Sätze mit Hilfe von Kraftecken anschaulich klar!

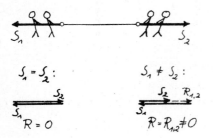

Bild 2.14: Seilziehen

2.6. Kräfte auf einer Wirkungslinie 29

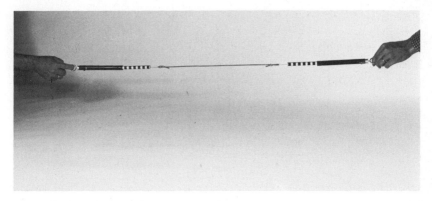

Bild 2.16: Zwei Kräfte auf einer Wirkungslinie im Gleichgewicht:
Actio = Reactio (Modell 1)

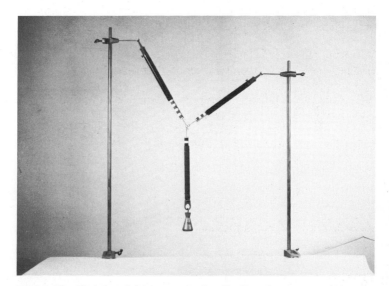

Bild 2.17: Gleichgewicht am zentralen Kraftsystem.
Bei Addition der Kräfte schließt sich das Krafteck.
(Modell 3)

2.7. Ausblick auf das zentrale räumliche Kraftsystem

Die für das ebene zentrale Kraftsystem vorgetragenen Grundsätze gelten analog für das räumliche System, allerdings tritt zu **x** und **y** noch die 3. Koordinate **z** hinzu (Bild 2.15).

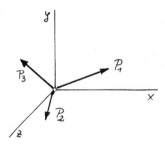

Bild 2.15: Zentrales räumliches Kraftsystem

Die Gleichgewichtsbedingung besteht deshalb aus 3 Gleichungen:

$$\Sigma P_x = 0 \qquad \Sigma P_y = 0 \qquad \Sigma P_z = 0$$

oder $\quad \Sigma X = 0 \qquad \Sigma Y = 0 \qquad \Sigma Z = 0.$

3. Allgemeines ebenes Kraftsystem

3.1. Definition

Alle Kräfte wirken in einer Ebene, ihre Wirkungslinien schneiden sich nicht in einem Punkt. Beispiele siehe Bilder 3.1 ff. Die beiden Bedingungen (2.2) genügen zur Feststellung des Gleichgewichts nicht.

3.2. Rechnerische Behandlung des allgemeinen Kraftsystems

3.2.1. Moment einer Kraft

Das in Bild 3.1 dargestellte Sprungbrett stellt ein allgemeines ebenes Kraftsystem dar: Die angreifenden Kräfte P und A liegen in einer Ebene, schneiden sich aber nicht in einem Punkt. Man erkennt, daß die Gleichgewichtsbedingung $\Sigma V = 0$ und $\Sigma H = 0$ zwar die Auflagerkräfte $A_V = P$ und $A_H = 0$ liefert, jedoch

alleine nicht das Gleichgewicht des Systems oder die Beanspruchung des
Sprungbrettes beschreibt. Es kommt eine weitere Beanspruchung hinzu, die
eine Drehbewegung des Brettes um den Auflagerpunkt bewirken will. Sie wird
umso größer sein, je weiter entfernt vom Auflagerpunkt (Drehpunkt) die Kraft
wirkt, je größer also der senkrecht zur Kraftwirkungslinie gemessene Hebelarm a ist.

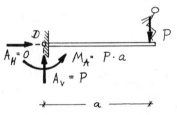

Bild 3.1: Sprungbrett

Um diese Beanspruchung beschreiben zu können, wird der Begriff des Momentes
(Drehmomentes) einer Kraft um den Drehpunkt D definiert: $M = P \cdot a$.

"Moment = Kraft mal senkrecht zur Kraftwirkungslinie gemessener Abstand der
Kraft vom Bezugspunkt (Drehpunkt D)".

Die Angabe des Momentes, das eine Kraft ausübt, ist also nur sinnvoll im Zusammenhang mit der Angabe des Bezugspunktes (Drehpunktes), auf den das Moment
bezogen ist.

3.2.2. Moment eines Kräftepaares

Zwei gleichgroße parallele Kräfte, die in entgegengesetzter Richtung wirken,
werden als Kräftepaar bezeichnet. Nach Bild 3.2 ist das Moment des Kräftepaares $M = P \cdot a$, also das Produkt von Kraft mal senkrecht zur Wirkungslinie
gemessenem Hebelarm.

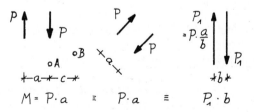

Bild 3.2: Äquivalente Kräftepaare

3. Allgemeines ebenes Kraftsystem

Die Kraftsumme der beiden Kräfte des Kräftepaares ist Null
($\Sigma V = 0$, $\Sigma H = 0$, $R = 0$), seine Wirkung ist daher ausschließlich das Moment. Deshalb ist das Kräftepaar die anschaulichste Darstellung eines Momentes.

Da die Kraftsumme des Kräftepaares Null ist, ist das Moment <u>unabhängig</u> von einem Bezugspunkt und <u>unabhängig</u> von der Richtung der beiden parallelen Kräfte. Man überzeuge sich davon, indem der Momentenwert um die Punkte A und B nach Bild 3.2 gebildet wird. Auch Größe und Abstand der Kräfte können geändert werden, nur das <u>Produkt</u> von beiden ist für das Moment entscheidend.

<u>Beispiel</u>: Eine Drehtür nach Bild 3.3 wird von 2 Personen in Bewegung gesetzt. Beide üben die gleiche Kraft P_1 in entgegengesetzter Richtung aus. Das Drehmoment ist $M = 2 P \cdot a$, die Kraftsumme ist Null. Die gleiche Wirkung, nämlich ausschließlich $M = 2 P \cdot a$, ist nach einem beliebigen Drehwinkel α vorhanden. Anders, wenn nur eine Person P ausübt. Abgesehen davon, daß das Moment mit $P \cdot a$ nur halb so groß ist, besteht neben der Momentenwirkung noch die Kraftwirkung P auf den Drehpunkt. Hieran erkennt man den Unterschied zwischen dem Moment einer Kraft und dem Moment eines Kräftepaares. Nach einem Drehwinkel α ist zwar die Momentenwirkung $M = P \cdot a$ die gleiche, die auf den Drehpunkt einwirkende Kraft P aber hat ihre Richtung geändert.

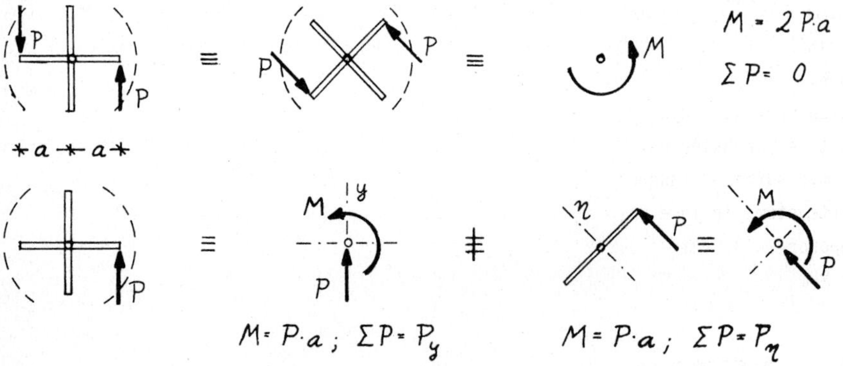

Bild 3.3: Drehtür beansprucht durch Kräftepaar und durch Kraft

<u>Beispiel</u>: Beim Lösen einer Radschraube soll nach Bild 3.4 alternativ ein einarmiger bzw. zweiarmiger Schraubenschlüssel verwendet werden. Der einarmige Schlüssel gibt das Moment $M = P \cdot a$ (Moment einer Kraft) sowie die Kraft P selbst an die Schraube ab. Der zweiarmige Schlüssel gibt das gleiche

Moment M = P · a (Moment eines Kräftepaares), jedoch keine Kraft auf die
Schraube ab (Modell 7).

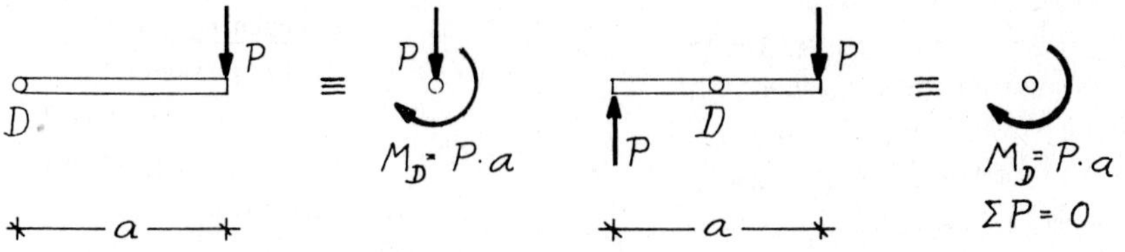

Bild 3.4: Schraubenschlüssel beansprucht durch Kraft und durch Kräftepaar

Momente kann man messen, z. B. über die Biegeverformung des Hebelarmes (Drehmomentenschlüssel) oder über die Messung von Kraft und Hebelarm (Modelle 8 und 9). Die Meßbarkeit ist wichtig, wenn z. B. eine Schraubenmutter mit einem festgelegten Moment angezogen werden muß.

3.2.3. Resultierende Wirkung des allgemeinen Kraftsystems

Um ein Bezugssystem für Zahlenwerte zu erhalten, wird vorerst ein Koordinatensystem festgelegt. Im Prinzip kann dieses beliebig angesetzt werden, jedoch vereinfacht es Rechnung und Anschauung, wenn x und y horizontal bzw. vertikal gewählt werden und wenn der Koordinatenursprung im Schnittpunkt von 2 wesentlichen Kraftwirkungslinien, z. B. von Lagerkräften, liegt. Außerdem wird ein positiver Drehsinn des Momentes definiert (Definition beliebig, aber für die gesamte Aufgabe bindend). Die einzelnen Kräfte werden, wie beim zentralen Kraftsystem, in ihre x- und y-Komponenten zerlegt. Ihre Addition ergibt die Komponenten der Resultierenden. Das resultierende Moment folgt aus der Summe der Momente der Komponenten um den Ursprung. Vgl. Bild 3.5:

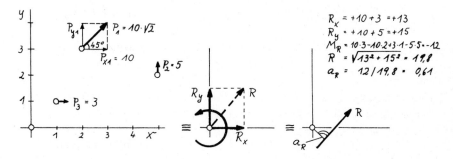

Bild 3.5: Resultierende Wirkung eines allgemeinen ebenen Kraftsystems

3. Allgemeines ebenes Kraftsystem

$$R_x = \Sigma P_x \text{ oder } \Sigma H \qquad R = \sqrt{R_x^2 + R_y^2}$$

$$R_y = \Sigma P_y \text{ oder } \Sigma V \qquad \text{tg}\alpha_R = R_y / R_x \qquad (3.1)$$

$$M_R = \Sigma (P_{xi} \cdot y_i + P_{yi} \cdot x_i); \quad a_R = \frac{M_R}{R}$$

<u>Beispiel:</u> Ein Körper sei von 3 Kräften P_1 bis P_3 nach Bild 3.5 belastet. Da die 3 Wirkungslinien nicht durch einen Punkt gehen, handelt es sich um ein allgemeines Kraftsystem. Die resultierende Wirkung läßt sich entweder durch R (durch den Ursprung) und M_R oder durch R (nicht durch den Ursprung) und a_R darstellen.

Die resultierende Wirkung des Kraftsystems besteht also im allgemeinen Fall aus einer resultierenden Kraft R durch den Ursprung (Bezugspunkt) und einem resultierenden Moment M_R oder, anders ausgedrückt, aus einer um a_R aus dem Bezugspunkt verschobenen Resultierenden R.

Sonderfälle: $R = 0$; $M_R \neq 0$: Resultierende Wirkung = Kräftepaar

$\qquad \qquad R \neq 0$; $M_R = 0$: "   "   = R durch Ursprung

$\qquad \qquad R = 0$; $M_R = 0$: Gleichgewicht

3.2.4. Gleichgewicht und Festhaltekraft

Es herrscht Gleichgewicht, wenn die resultierende Wirkung des Systems Null ist; mit (3.1) bedeutet dies

$$R_x = 0; \quad R_y = 0; \quad M_R = 0 \qquad (3.2)$$

Zur Bestimmung der Festhaltekräfte F (Lagerreaktionen), die ein System ins Gleichgewicht bringen, wird die resultierende Wirkung aller angreifenden Kräfte (actio und reactio) Null gesetzt; $\Sigma X = 0$; $\Sigma H = 0$; $\Sigma M = 0$ führt auf

$$\Sigma P_x + \Sigma F_x = 0; \quad \Sigma P_y + \Sigma F_y = 0; \quad M_R + \Sigma M_f = 0 \qquad (3.3)$$

<u>Beispiel:</u> Ein eingespannter Kragbalken wird durch eine geneigte Kraft P nach Bild 3.6 belastet (actio). Als Festhaltekraft wirken die Lagerkräfte A_V, A_H sowie das Einspannmoment M_A (reactio). Mit Hilfe der Gleichgewichtsbedingungen werden die Lagerreaktionen bestimmt. Die zahlenmäßigen Ergebnisse haben posi-

tives Vorzeichen: Die durch die Pfeilrichtung vorgegebenen Kraftrichtungen sind richtig. Negative Vorzeichen im Ergebnis hätten bedeutet, daß die Kräfte entgegengesetzt zur vorgegebenen Kraftrichtung wirken.

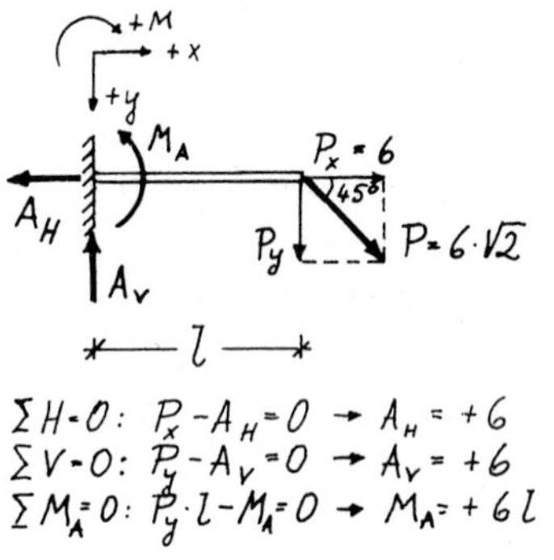

$\Sigma H = 0:\ P_x - A_H = 0 \rightarrow A_H = +6$
$\Sigma V = 0:\ P_y - A_V = 0 \rightarrow A_V = +6$
$\Sigma M_A = 0:\ P_y \cdot l - M_A = 0 \rightarrow M_A = +6l$

Bild 3.6: Krägträger 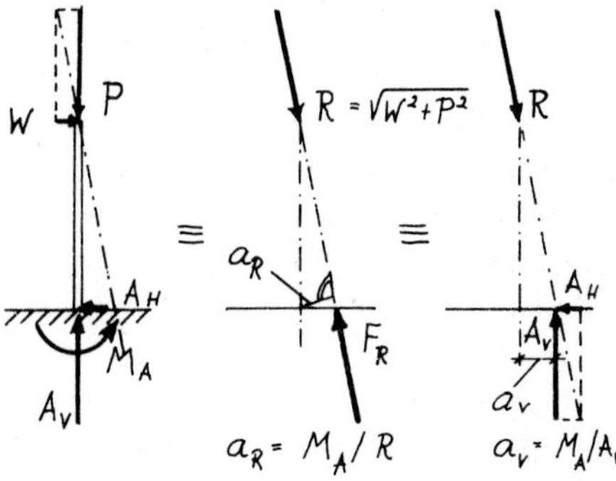   Bild 3.7: Stütze und Fundament

Beispiel: Eine Fertigteilstütze nach Bild 3.7 sei durch die Binderlast P und durch die Windkraft W beansprucht. Aus den Gleichgewichtsbedingungen folgen wieder die Festhaltekräfte, nämlich die Lagerkräfte A_V, A_H sowie M_A. Alternativ läßt sich das System auch als Resultierende R darstellen, die um $a_R = M_A/R$ aus dem Bezugspunkt A verschoben ist. Ebenfalls identisch ist ein Kraftsystem, bei dem H durch A verläuft und V um $a_V = \dfrac{M_A}{V}$ aus A verschoben ist. Alle dargestellten Formen des Systems sind gleichwertig, sind "äquivalent".

Es sei darauf hingewiesen, daß die Begriffe actio und reactio nur als Hilfe für die Anschauung verwendet werden und austauschbar sind. Die im System wirkenden Kräfte sind stets ins Gleichgewicht zu bringen, gleichgültig, welche von ihnen als actio und welche als reactio bezeichnet werden. Am Gleichgewicht und am Rechengang würde sich nichts ändern, wenn wir am System nach Bild 3.7 z. B. die Lagerkräfte A_V, A_H und M_A als die am System (Stütze mit Fundament) angreifenden Kräfte und P und W als Reaktion ansehen würden.

3.3. Zeichnerische Behandlung des allgemeinen Kraftsystems

3.3.1. Verschiebungssatz

Der Angriffspunkt A einer Kraft P darf längs ihrer Wirkungslinie beliebig verschoben werden, ohne daß sich am Gleichgewicht des Systems (des beanspruchten

36   3. Allgemeines ebenes Kraftsystem

Körpers) etwas ändert (Modell 6).

<u>Achtung:</u> Der Verschiebungssatz gilt lediglich hinsichtlich des Gleichgewichtes. Bei den in Bild 3.8 dargestellten Körpern wird die in A angreifende Kraft nach A', die Kraft in B nach B' längs ihrer Wirkungslinie verschoben. Alle Systeme stehen im Gleichgewicht. Trotzdem hat sich die innere Beanspruchung der Körper geändert; beim dargestellten Stab z. B. ist aus der Zug- eine Druck-Kraft entstanden.

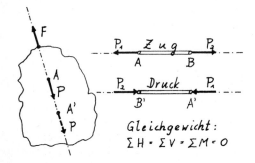

Bild 3.8: Verschiebungssatz

<u>Achtung:</u> Die Verschiebung einer Kraft <u>senkrecht</u> zu ihrer Wirkungslinie ändert das Gleichgewicht. Diese Verschiebung bewirkt ein Moment, siehe Abschnitt 3.2.

3.3.2. Addition von Kräften mittels Teilresultierender

Mit Hilfe des Verschiebungssatzes lassen sich die Kräfte eines allgemeinen Kraftsystems graphisch addieren: Zwei Kräfte eines Kraftsystems P_1 und P_2 werden längs ihrer Wirkungslinien in deren Schnittpunkt verschoben und dort zur <u>Teilresultierenden</u> $R_{1,2}$ zusammengefaßt. Nach dem gleichen Prinzip faßt man danach diese Teilresultierende mit P_3 zur neuen Teilresultierenden $R_{1,2,3}$ zusammen. Dies wird wiederholt, bis die Resultierende R aller Kräfte bestimmt ist. Das Krafteck allein genügt nicht, da es zwar Größe und Richtung der Resultierenden, nicht aber deren Angriffspunkt bzw. die Lage ihrer Wirkungslinie ergibt. (Frage: Warum genügt beim zentralen Kraftsystem das Krafteck alleine zur eindeutigen Bestimmung der Resultierenden?)

<u>Beispiel:</u> In Bild 3.9 sind Eigengewicht e und Windkraft, die auf ein Gebäude wirken, als Kräfte P_1, P_2 und P_3, die in den Punkten A, B und C angreifen, dar-

gestellt. Vorerst wird P_1 und P_2 zur Teilresultierenden $R_{1,2}$, danach diese mit P_3 zur Resultierenden R mit Angriffspunkt C' zusammengefaßt.

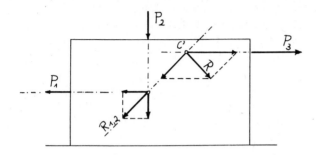

Bild 3.9: Teilresultierende

Sonderfälle: Wird die Resultierende R = 0, herrscht Gleichgewicht. Entstehen als Resultierende zwei gleichgroße, entgegengesetzt gerichtete parallele Kräfte, lassen sich diese nicht mehr zusammenfassen. Die resultierende Wirkung ist dann ein Kräftepaar bzw. ein Moment.

3.3.3. Gleichgewicht und Festhaltekraft

Das System steht im Gleichgewicht, wenn die Resultierende aller Kräfte Null wird. Hat die Resultierende jedoch einen Wert, so kann das System dadurch ins Gleichgewicht gebracht werden, daß eine Festhaltekraft hinzugefügt wird, die in gleicher Größe, jedoch mit umgekehrter Richtung auf der gleichen Wirkungslinie wirkt.

3.4. Sonderfälle

3.4.1. Zwei Kräfte

"Zwei Kräfte (z. B. resultierende Actio R und Festhaltekraft) stehen dann im Gleichgewicht, wenn sie gleich groß und auf der gleichen Wirkungslinie entgegengesetzt gerichtet sind." Vgl. Bilder 2.14 und 2.16.

3.4.2. Drei Kräfte

"Drei Kräfte (z. B. resultierende Actio und 2 Festhaltekräfte) stehen nur dann im Gleichgewicht, wenn ihre Wirkungslinien durch einen Punkt gehen und

38 3. Allgemeines ebenes Kraftsystem

sich das Krafteck aus den 3 Kräften schließt."
Sie müssen also nicht auf der gleichen Wirkungslinie liegen. Vgl. Bild 2.12.
Diese Gleichgewichtsgruppe stellt ein zentrales Kraftsystem dar. -
Warum ist es für das Gleichgewicht von 3 Kräften erforderlich, daß die 3 Wirkungslinien durch einen Punkt gehen? (Siehe Bild 2.17).

3.4.3. Vier Kräfte

"Vier Kräfte (z. B. resultierende Actio R und 3 Festhaltekräfte) können
auch dann im Gleichgewicht stehen, wenn ihre Wirkungslinien nicht durch einen
Punkt gehen. Sie stehen im Gleichgewicht, wenn die Resultierende aus den
4 Kräften Null ist."

Dies ist der am häufigsten auftretende Fall: Alle als actio angreifenden
Kräfte werden zur Resultierenden R zusammengefaßt und durch 3 Festhaltekräfte
(Lagerkräfte) ins Gleichgewicht gebracht.

Beispiel: Ein Brückenträger nach Bild 3.10 wird durch das Gewicht eines
Autos (V), das gleichzeitig bremst (H), beansprucht. Die resultierende Kraft R
wird durch die 3 Lagerkräfte A_V, A_H und B ins Gleichgewicht gebracht.

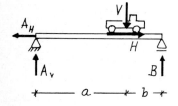

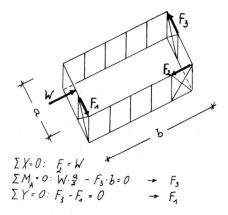

$\Sigma H = 0:\ A_H - H = 0 \rightarrow A_H$
$\Sigma M_1 = 0:\ V \cdot a - B(a+b) \cdot 0 \rightarrow B$
$\Sigma V = 0:\ A_V + B - V = 0 \rightarrow A_V$
Zur Kontrolle: $\Sigma M_B = 0$

$\Sigma X = 0:\ F_2 = W$
$\Sigma M_A = 0:\ W \cdot \frac{a}{2} - F_3 \cdot b = 0 \rightarrow F_3$
$\Sigma Y = 0:\ F_3 - F_1 = 0 \rightarrow F_1$

Bild 3.10: Brückenträger   Bild 3.11: Gebäudeaussteifung

Beispiel: Ein Gebäude nach Bild 3.11 wird durch die Windkraft W beansprucht.
Zur Aussteifung stehen drei Wandscheiben (oder Kreuzverbände) zur Verfügung,
die die Festhaltekräfte F_1, F_2 und F_3 bieten können. Das System steht im
Gleichgewicht (bewegt sich nicht, fällt nicht um), wenn die 3 Gleichgewichtsbedingungen erfüllt sind.

3.4.4. Culmann'sche Gerade

Der allgemeine Fall, daß eine resultierende Kraft **R** von 3 Lagerkräften ins Gleichgewicht zu bringen ist, läßt sich auch graphisch lösen. 4 Kräfte können nur dann im Gleichgewicht stehen, wenn die Teilresultierenden von jeweils 2 Kräften die gleiche Wirkungslinie haben. (Warum?)

Diese <u>gemeinsame Wirkungslinie</u> nennt man die Culmann'sche Gerade.

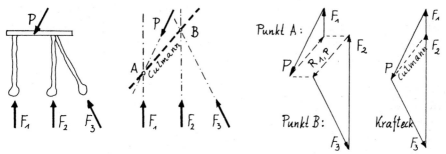

Bild 3.12: Pfahlkräfte, bestimmt durch Culmann'sche Gerade

<u>Beispiel:</u> Die auf eine Pfahlkopfplatte nach Bild 3.12 wirkende Kraft P soll von den 3 Pfählen aufgenommen werden. Vorerst bringt man die Wirkungslinien von P und von einer der 3 Pfahlkräfte, z. B. F_1, zum Schnitt. In diesem Schnittpunkt **A** muß die noch unbekannte Teilresultierende $R_{1,P}$ angreifen. In gleicher Weise muß die Teilresultierende $R_{2,3}$ in B angreifen. Das System steht nur dann im Gleichgewicht, wenn die beiden Teilresultierenden auf der gleichen Wirkungslinie wirken. (Warum?)

Daher muß diese Wirkungslinie durch **A** und **B** verlaufen. (Warum?)

Man erhält so die Richtung der Teilresultierenden und kann vorerst das Krafteck im Punkt **A** aus P, F_1 und $R_{1,P}$ zeichnen. Mit $R_{2,3} = -R_{1,P}$ (warum?) läßt sich das Krafteck in B aus $R_{2,3}$, F_2 und F_3 konstruieren. Damit sind die Pfeilkräfte graphisch bestimmt.

4. Statisch bestimmt gelagerte Träger

4.1. Begriff des Trägers

Ein Bauwerk besteht aus Tragwerk und Ausbau. Das Tragwerk hat alle anfallenden Lasten (Eigengewichte, Verkehrslasten, Wind, Schnee usw.) in den Baugrund abzuleiten. Es besteht aus verschiedenen Tragelementen, die entsprechend ihrer Geometrie und statischen Wirkung zu Gruppen zusammengefaßt werden (Bild 4.1):

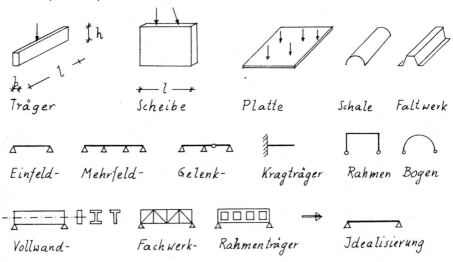

Bild 4.1: Begriffe:

Vorwiegend eindimensional ausgebildete Elemente nennt man Stäbe oder Träger, Merkmal: $l \gg h, b$.
Vorwiegend zweidimensional ausgebildete ebene Elemente (Flächentragwerke) nennt man Scheiben (Kraftwirkung in Scheibenebene) oder Platten (Kraftwirkung senkrecht zur Plattenebene), Merkmal: $l, b \gg h$.
Räumlich gekrümmte Flächentragwerke werden Schalen genannt, geknickte Flächentragwerke sind Faltwerke.

Bei den Trägern unterscheidet man je nach Lagerungsart und Form Einfeld- und Mehrfeldträger, Gelenkträger, Kragträger, Bögen, Rahmen usw.. Träger können vollwandig oder zum Fachwerk oder zum rahmenartigen Träger aufgelöst sein. Sie werden zum eindimensionalen Stab idealisiert. Der symbolische Strich, mit dem der Stab dargestellt wird, stellt die Stabachse, d.h. die Verbindungslinie aller Querschnitts-Schwerpunkte dar.

4.2. Lagerarten

In statischer Hinsicht sind vor allem 3 Lagerarten (Bild 4.2) von Bedeutung:

	Bewegliches Auflager (frei drehbar, verschieblich)	Festes Auflager (frei drehbar, unverschieblich)	Feste Einspannung (nicht drehbar, unverschieblich)
Ausführungsarten	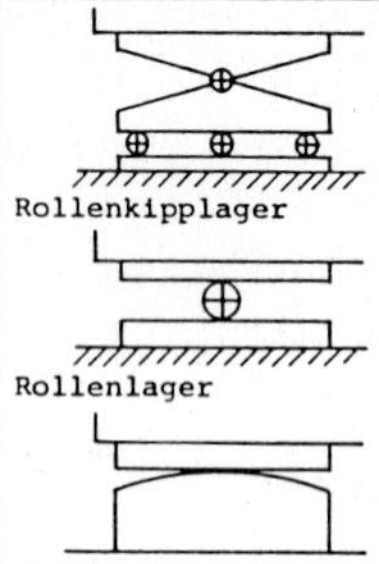 Rollenkipplager / Rollenlager / Gleitlager	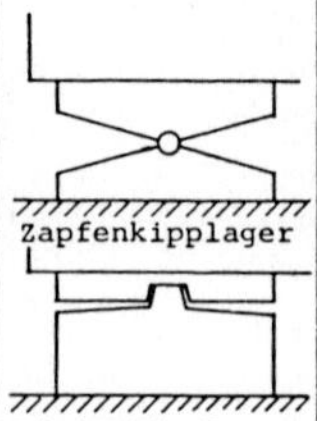 Zapfenkipplager / Linienkipplager	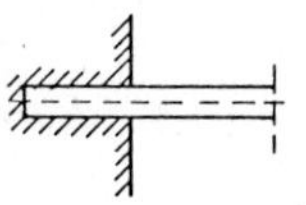 einbetoniert / verschweißt
Stabersatz (als Symbol möglich)	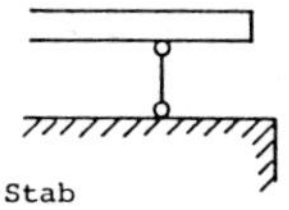 1 Stab	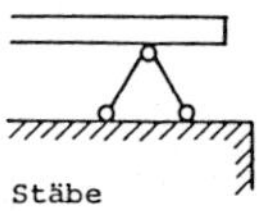 2 Stäbe	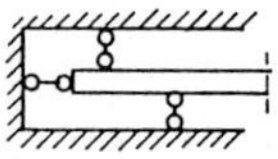 3 Stäbe
Symbole	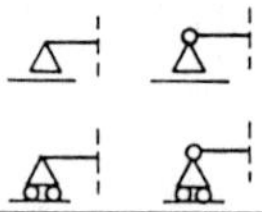	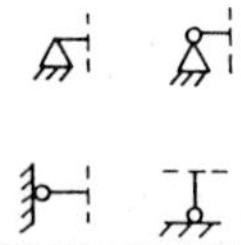	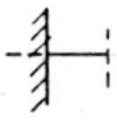
Unbekannte	Größe der Reaktionskräfte in Richtung der jeweiligen Bewegungsbehinderung		
	1 R.-Kraft	2 R.-Kräfte	2 R.-Kräfte und 1 R.-Moment
Bewegungsbehinderung	Verschiebung in einer Richtung	Verschiebung in zwei Richtungen	Verschiebung in zwei Richtungen und Drehung
Bewegungsfreiheit	Verschiebung in einer Richtung und Drehung	Drehung	keine

Bild 4.2: Zusammenstellung der Lagerarten

Das verschiebliche Lager (1 Pendel, Rollen oder Gleitlager) bewirkt eine Bewegungsbehinderung (in Richtung des Pendels) und ermöglicht 2 Freiheitsgrade: Verschiebung senkrecht zum Pendel und Drehbewegung. Man nennt es auch "einwertiges Lager", da es eine Lagerkraft, senkrecht zur Verschiebungsebene, aufnimmt. Typische Ausführung: Lager auf Rollen, Gummi, Teflon oder auf mehreren Lagen bituminierter Pappe. Ein "zweiwertiges" Lager ist ein festes Lager oder Gelenk. Es bewirkt zwei Bewegungsbehinderungen (vertikal und horizontal),

4. Statisch bestimmt gelagerte Träger

nimmt somit 2 Lagerkräfte auf, die im Gelenkpunkt angreifen; es ermöglicht einen Freiheitsgrad (Drehbewegung). Typische Ausführung: Gelenk, Scharnier, Reibungslager usw.. Eine <u>Einspannung</u> ist ein "dreiwertiges" Lager, das keine Freiheitsgrade zuläßt. Es nimmt 3 Lagerreaktionen auf, nämlich 2 Kräfte (z. B. V und H) sowie ein Einspannmoment. (Modelle 106 bis 109).

4.3. Statisch bestimmte und unbestimmte Lagerung

Eine Lagerung nennt man <u>statisch bestimmt,</u> wenn die Lagerreaktionen (Kräfte, Momente) allein aus den Gleichgewichtsbedingungen eindeutig bestimmbar sind. Es gilt: 3 Gleichgewichtsbedingungen ≙ 3 Lagerkräften. Beispiele siehe Bild 4.3. Enthält der Träger Gelenke, so erfordert jedes Gelenk eine zusätzliche Gleichgewichtsbedingung, nämlich M = 0 im Gelenk. Entsprechend müssen bei n-Gelenken 3 + n Gleichgewichtsbedingungen erfüllt und 3 + n Lagerkräfte vorhanden sein, um statisch bestimmte Lagerung zu gewährleisten.

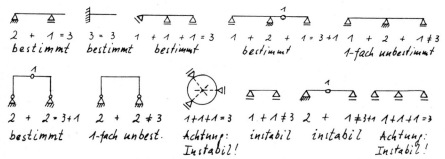

Bild 4.3: Lagerungsarten: Statisch bestimmt, unbestimmt und instabil

<u>Achtung:</u> Schneiden sich die Wirkungslinien der Lagerkräfte in einem Punkt, so ist das System instabil, da kein Moment um den Schnittpunkt aufgenommen werden kann. (Warum?)
Dies gilt insbesondere auch, wenn der Schnittpunkt im Unendlichen liegt, alle Lager also parallelgerichtet sind. Da diese Lagerungsart mitunter nur schwer erkennbar ist, stellt sie eine große Gefahr dar. Überlegen Sie Beispiele derart instabiler Lagerung!

Ein System ist <u>statisch unbestimmt</u> (überbestimmt), wenn mehr als 3 + n Lagerreaktionen vorhanden sind. (n = Zahl der Gelenke). Zu ihrer Bestimmung genügen die Gleichgewichtsbedingungen nicht, es müssen zusätzlich Verformungsbedingungen herangezogen werden.

Ein System ist <u>instabil</u>, wenn weniger als 3 + n Lagerreaktionen zur Verfügung

4.3. Statisch bestimmte und unbestimmte Lagerung

stehen (n = Zahl der Gelenke), oder wenn sich die Wirkungslinien der Lagerkräfte in einem Punkt schneiden.

Statisch bestimmte Systeme haben den Vorteil, daß sie einfach berechenbar und einfach herstellbar sind und daß bei Lagersenkungen oder Temperaturverformungen zwar Systemverformungen, aber keine Zwängungen auftreten. Sie werden deshalb z. B. bei schlechtem Baugrund wegen der Gefahr unterschiedlicher Setzungen bevorzugt. Statisch unbestimmte Lagerung hat den Vorteil größerer Steifigkeit, also geringerer Verformungen, meistens auch zusätzlicher versteckter Sicherheiten, aber auch den Nachteil schwierigerer Herstellung (z. B. im Fertigteilbau) und der Gefahr von Zwängungen. Siehe Bild 4.4.

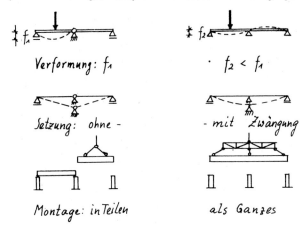

Bild 4.4: Statisch bestimmt und unbestimmt gelagerte Systeme

4.4. Lagerreaktionen bei statisch bestimmt gelagerten Trägern

Die Lagerreaktionen werden bestimmt, indem das System der Kräfte ins Gleichgewicht gebracht wird. Siehe hierzu Abschnitt 3. (Bild 4.7). Aus den Gleichgewichtsbedingungen $\Sigma H = 0$, $\Sigma V = 0$, $\Sigma M_D = 0$, folgen die unbekannten Lagerkräfte und Einspannmomente. Der Drehpunkt D für die Momentenbedingung ist beliebig. Es dient jedoch der Rechenvereinfachung, wenn D im Schnittpunkt der Wirkungslinien zweier Lagerkräfte gewählt wird, da diese Lagerkräfte dann nicht in die Momentenbedingung eingehen (warum?) und das Gleichungssystem so entkoppelt wird. Eine weitere Rechenvereinfachung kann sich dadurch ergeben, daß anstelle der Kräftesumme eine Momentensumme um einen anderen Drehpunkt formuliert wird, also z. B. $\Sigma H = 0$, $\Sigma M_{D1} = 0$, $\Sigma M_{D2} = 0$. Die Bedingung $V = 0$ dient dann zur unabhängigen Kontrolle.

4. Statisch bestimmt gelagerte Träger

Beispiel: Einfeldträger nach Bild 4.5. Drehpunkt D_1 im Schnittpunkt von A_H und A_V, also im Punkt A: Momentenbedingung ergibt unmittelbar B. Schnittpunkt A_H und B als Drehpunkt D_2: Momentenbedingung ergibt unmittelbar A_V.

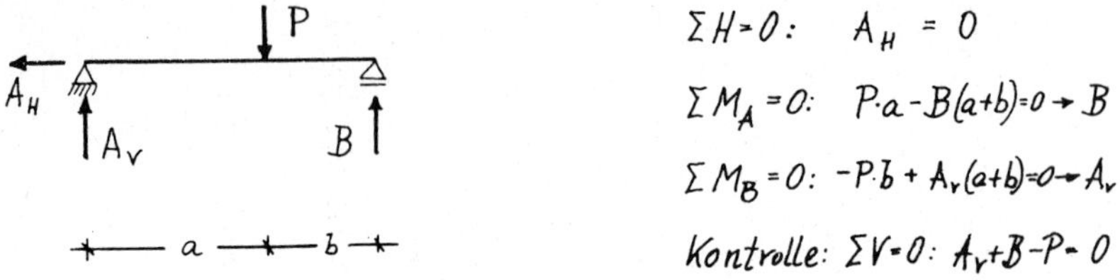

$$\Sigma H = 0: \quad A_H = 0$$

$$\Sigma M_A = 0: \quad P \cdot a - B(a+b) = 0 \rightarrow B$$

$$\Sigma M_B = 0: \quad -P \cdot b + A_V(a+b) = 0 \rightarrow A_V$$

$$\text{Kontrolle: } \Sigma V = 0: \quad A_V + B - P = 0$$

Bild 4.5: Bestimmung der Lagerkräfte

Träger werden nicht nur durch Einzellasten, sondern auch durch Streckenlasten beansprucht.

Beispiele siehe Bild 4.6. Zur Bestimmung der Lagerreaktionen kann die Lastfläche vereinfachend ersetzt werden durch ihre Resultierende (= Flächeninhalt der Lastfläche), die im Schwerpunkt der Lastfläche angreift. Bei konstanter Last q gilt $R = q \cdot c$. Sie greift im Schwerpunkt der Lastfläche, also in $\frac{c}{2}$ an.

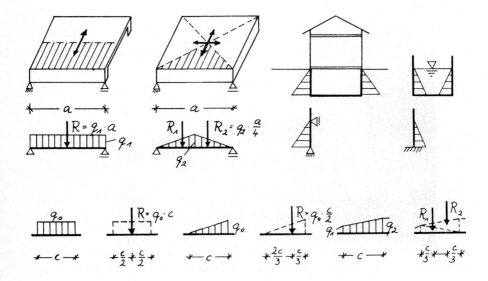

Bild 4.6: Streckenlasten auf Trägern

4.4. Lagerreaktionen bei statisch bestimmt gelagerten Trägern 45

Bild 4.7: Lagerreaktion beim statisch bestimmt gelagerten Träger unter einer Einzellast, z. B. bei einem Schubkarren (Modell 10)

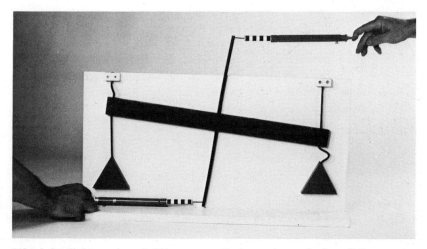

Bild 4.8: Wirkung eines Kräftepaares = Drehmomentes auf einen Träger (Modell 11)

Beispiel nach Bild 4.6: Eine Betonplatte mit den Abmessungen $a = 4\,m$, $b = 6\,m$ und der Belastung $q = 8\,kN/m^2$ trägt einachsig auf 2 Unterzüge ab.
Die Belastung eines Unterzuges lautet dann $q_1 = 8 \cdot \frac{6}{2} = 24\,kN/m$.
Die Resultierende $R = 24 \cdot \frac{4}{2} = 64\,kN$ greift in Feldmitte an.
Die Lagerkräfte ergeben sich wegen der Symmetrie zu $A_V = B = R/2$ und $A_H = 0$.

Dreieckige Lastflächen entstehen z. B. aus 2-achsig abgetragenen Deckenplatten, aus hydrostatischem Druck in Behältern oder aus Erddruck auf Kellerwände. Die resultierende Kraft ist $R = \frac{1}{2}\,q \cdot c$, Angriffspunkt von R ist der Schwerpunkt des Dreiecks, also der Drittelspunkt. Beliebig geformte Lastflächen lassen sich vereinfachend durch Teilung in Trapez- bzw. Dreiecksflächen näherungsweise erfassen.

Die Vorzeichen der Lagerreaktionen sind durch die Richtung der Kraftpfeile festgelegt: Lagerkraft in Pfeilrichtung ist positiv, entgegengesetzt negativ. Es ist üblich, die (positive) Pfeilrichtung so zu wählen, daß das Lager eine Druckkraft auf den Balken ausübt.

5. Schnittkräfte

5.1. Schnittprinzip

In den bisherigen Abschnitten wurde ausschließlich das Gleichgewicht der äußeren Kräfte, nicht jedoch die innere Beanspruchung der belasteten Körper behandelt. Diese innere Beanspruchung muß jedoch bekannt sein, wenn man die erforderlichen Abmessungen, das geeignete Material oder die sinnvolle Form eines Tragelementes feststellen will. Hierzu bedient man sich des Schnittprinzips.

Greifen an einem Körper äußere Kräfte (actio und reactio) an, die im Gleichgewicht stehen, so bewirken sie im Inneren des Körpers ebenfalls Kräfte, sogenannte Schnittkräfte (N, M und Q). Zu ihrer Bestimmung denkt man sich den Körper an der interessierenden Stelle geschnitten und setzt die abgeschnittenen Teile ins Gleichgewicht, indem die Schnittkräfte an den Schnittufern angesetzt werden.

Beispiel: Im Bild 5.1 ist ein oben aufgehängter Stab am unteren Rand durch die Kraft P beansprucht. Das System ist im äußeren Gleichgewicht, wenn die Lagerkraft $A = P$. Es interessiert die innere Beanspruchung im Schnitt 1-1.

5.2. Bestimmung der Schnittkräfte

Man denkt sich den Stab in diesem Schnitt aufgeschnitten und stellt fest, daß die Teile so nicht im Gleichgewicht stehen. Wäre keine innere Kraft (Schnittkraft) wirksam, die die Teile zusammenhält, würden die Teile durch P und A in entgegengesetzte Richtung beschleunigt werden. Erst die Schnittkraft N = P bzw. N = A = P erzeugt Gleichgewicht an den Teilen: Sie hält die Teile zusammen. Die an den beiden Schnittufern angreifenden Kräfte stehen übrigens untereinander auch im Gleichgewicht: N = N. (Modell 6).

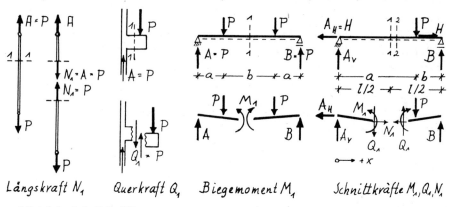

Bild 5.1: Schnittkräfte

Die gleiche Betrachtung läßt sich für die im Bild 5.1 dargestellte Konsole oder für den Einfeldbalken anstellen. Zur Herstellung des Gleichgewichtes an den Teilen sind entsprechend den 3 Gleichgewichtsbedingungen 3 Schnittkräfte erforderlich: Normal (senkrecht) zum Schnitt wirkt die Normalkraft oder Längskraft N; quer zur Achse die Querkraft Q (Modell 13) und gegen Verdrehung das Biegemoment M (Modell 12). Wir werden später noch das Torsionsmoment als weitere Schnittkraft kennenlernen.

5.2. Bestimmung der Schnittkräfte

Vorerst ist das Gleichgewicht der äußeren Kräfte herzustellen, indem die Lagerkräfte bestimmt und am Träger als äußere Kräfte angesetzt werden. Danach denkt man sich den Träger an der interessierenden Stelle geschnitten und setzt die noch unbekannten Schnittkräfte N, M und Q als innere Kräfte an den Schnittufern an. Aus den Gleichgewichtsbedingungen am abgeschnittenen Teil folgt die Größe der Schnittkräfte: Summe aller Kräfte in Richtung senkrecht (normal) zum Schnitt liefert die Normal- oder Längskraft N, Summe aller Kräfte quer zur Achse (parallel zum Schnitt) liefert die Querkraft, und Summe aller Momente um den Schnittpunkt ergibt das Biegemoment M. Es wird stets das Gleichgewicht an einem der beiden durch den Schnitt entstandenen Teile gebildet, wobei die Betrachtung an jedem der beiden Teile zum gleichen Ergebnis führen muß, da die beiden Schnittufer selbst im Gleichgewicht stehen müssen, (die an den beiden Schnittufern wirkenden Kräfte müssen entgegengesetzt gleich sein).

Beispiel: Bild 5.1 Hängestange: $\Sigma V = 0$ (Richtung senkrecht zum Schnitt) liefert für das untere Teilstück die Normalkraft $N_1 = P$, für das obere Teilstück ebenfalls $N_1 = A = P$. Der Schnitt selbst steht auch im Gleichgewicht.

Beispiel: Bild 5.1 Konsole: $\Sigma V = 0$ (quer zur Achse) ergibt am rechten Teil die Querkraft $Q_1 = P$; der Schnitt selbst steht auch im Gleichgewicht.

Beispiel: Bild 5.1 Symmetrische Einfeldbalken: Als Drehpunkt D wird der Schnittpunkt zwischen Stabachse und Schnitt gewählt.
$\Sigma M_D = 0$ ergibt am rechten Teil das Moment $M_1 = P \cdot a$; am linken Teil erhält man $M_1 = A \cdot (a + b/2) - P \cdot b/2 = P \cdot a$.

Beispiel: Bild 5.1 Unsymmetrisch belasteter Einfeldbalken: Hier wirken alle 3 Schnittkräfte gleichzeitig. Ist Gleichgewicht der äußeren Kräfte hergestellt (Bestimmung der Lagerkräfte), folgt am linken Teil aus $\Sigma H = 0$ die Längskraft $N_1 = H$, aus $\Sigma V = 0$ die Querkraft $Q_1 = A$ und aus $\Sigma M_D = 0$ das Biegemoment $M_1 = A \cdot a$. Zur Kontrolle überprüfe man das Ergebnis am rechten Teil!

Ist ein Träger nicht mit Einzellasten, sondern mit <u>Streckenlasten</u> belastet, gilt das Schnittprinzip genauso. Allerdings ist darauf zu achten, daß beim Schneiden auch die Belastung geschnitten wird. Die auf den beiden Teilstücken wirkenden Streckenlasten sind also separat zu Teil-Resultierenden zusammenzufassen.

Beispiel: Einfeldträger unter konstanter Last q nach Bild 5.2. $\Sigma H = 0$ ergibt $N_1 = 0$; $\Sigma V = 0$ liefert $Q_1 = A - R_1^l$ bzw. $Q_1 = R_1^r - B$; $\Sigma M = 0$ führt auf $M_1 = A \cdot a_1 - R_1^l \cdot \frac{a_1}{2}$ bzw. $M_1 = B \cdot b_1 - R_1^r \cdot \frac{b_1}{2}$. Entsprechend Schnitt 2. Zeigen Sie, dass der Schnitt selbst ebenfalls im Gleichgewicht steht!

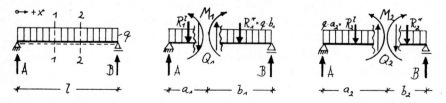

Bild 5.2: Schnittkräfte bei Streckenlasten

5.3. Vorzeichen der Schnittkräfte

Es gibt verschiedene Möglichkeiten, die Vorzeichen der Schnittkräfte festzulegen. Wir wollen die folgenden Regeln benutzen (nach Bild 5.3):

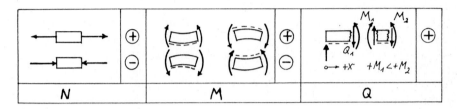

Bild 5.3: Vorzeichenregeln

Normalkräfte: Zugkräfte = positiv, Druckkräfte = negativ.

Beispiel: In Bild 5.1 ist N_1 als Zugkraft positiv.

Biegemomente: Eine der beiden Randfasern wird als Definitionsfaser festgelegt und durch Strichlierung gekennzeichnet. Erhält diese gestrichelte Faser infolge von M Zug, ist M positiv; erhält sie Druck, ist M negativ. Die Festlegung der gestrichelten Faser ist beliebig. Üblicherweise wird sie bei Trägern unten, bei Rahmen innen gewählt. (Siehe auch Bild 7.24).

Beispiel: Bild 5.1: Als gestrichelte Faser wird die untere Randfaser definiert. Unter der angegebenen Belastung erhält sie Zug, also ist M_1 positiv. Das gleiche gilt für M_1 und M_2 in Bild 5.2.

Querkraft: Eine positive Bezugsrichtung + x wird definiert. Wächst das positive Moment in x-Richtung an oder nimmt das negative Moment in dieser Richtung ab, ist Q positiv; umgekehrt ist Q negativ.

Beispiel: Man betrachte in Bild 5.1 einen Schnitt 2 ein kleines Stückchen rechts von Schnitt 1, also in + x-Richtung gelegen. In beiden Schnitten ist M positiv, außerdem $M_2 > M_1$. Da also das positive Moment in x-Richtung zunimmt, ist Q_1 positiv. Zeigen Sie, daß in Bild 5.2 Q_1 ebenfalls positiv ist. Zeigen Sie, daß Q negativ ist, wenn der Schnitt 2 in der rechten Balkenhälfte gewählt wird, wenn also $b_2 < a_2$.

50 5. Schnittkräfte / 6. Normalkraftwirkung und Dehnung

Bild 5.4: Aufnahme der Schnittkräfte im Balken, dargestellt durch
Stäbe im Schnitt: Längskraft N, Querkraft Q und Biegemoment M
(Modell 12)

Bild 5.5: Wirkung einer Querkraft Q im Schnitt (Modell 13)

6. Normalkraftwirkung und Dehnung

6.1. Spannung

Die Beanspruchung eines Tragelementes, z. B. des in Bild 6.1 dargestellten Zugstabes, durch die Normalkraft N ist nicht nur von der Größe N, sondern auch vom Querschnitt des Stabes abhängig: Bei gleichgroßem N wird ein Stab mit kleinerer Querschnittsfläche F_1 stärker beansprucht als ein Stab mit größerer Querschnittsfläche F_2. Der Stab 1 wird unter der Last vielleicht brechen, während Stab 2 ohne weiteres noch weitere Lasten tragen kann. Um diese Beanspruchung erfassen zu können, wird der Begriff der Spannung σ definiert:

"Spannung ist Kraft pro Flächeneinheit": $\sigma = \frac{N}{F}$. Die Spannung ist also derjenige Kraftanteil, der auf die Flächeneinheit, z. B. auf 1 m^2, entfällt. (Bild 6.14).

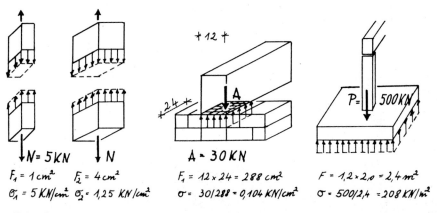

Bild 6.1: Spannung $\sigma = N / F$

Beispiel: Bild 6.1, Zugspannung in einem Stab; Auflagerpressung unter einem Balken; Bodenpressung unter einem Stützenfundament. Der Begriff der Spannung ist für die Baustatik von großer Bedeutung, da jeder Baustoff unter einer bestimmten Spannung, der <u>Bruchspannung</u> σ_{Br} oder β, versagt. Für die üblichen Baustoffe sind die Bruchspannungen bekannt bzw. müssen bei der Herstellung garantiert werden. Manche Baustoffe, z. B. Stahl, beginnen bei einer bestimmten Spannung $β_s$, sich so stark zu verformen, daß sie in diesem Zustand für Bauwerke unbrauchbar sind, obwohl sie noch nicht brechen. Diesen Wert nennt

6. Normalkraftwirkung und Dehnung

man Fließspannung oder die Streckgrenze β_s. Versagenswerte β oder β_s kann man bei Bauwerken rechnerisch nicht voll nutzen, da die vom Versagensfall ausgehenden Gefahren zu groß sein können. Man verlangt deshalb eine gewisse Sicherheit gegenüber Versagen und definiert die zulässige Spannung zu $\sigma = \beta/\gamma$ oder β_s/γ, wobei γ der Sicherheitsbeiwert ist. Einige Beispiele aus der Baustoffkunde:

Baustahl St 37: $\beta = 37$ kN/m^2 $\beta_s = 24$ kN/cm^2 zul $\sigma = 14$ kN/cm^2
Betonstahl St III: $\beta = 50$ " $\beta_s = 42$ "   zul $\sigma = 24$ "
Beton B 25: $\beta = 25$ "   zul $\sigma = 0,83$ "
Nadelholz parallel zur Faser: $\beta \sim 4$ kN/cm^2 zul $\sigma = 0,85$ kN/cm^2
Mauerwerk Ziegel 12, Mörtelgruppe II: $\beta \sim 0,4$ kN/cm^2 zul $\sigma = 0,12$ kN/cm^2

Zur Anschauung: $\beta = 37$ kN/cm^2 bedeutet, daß ein Stahlstab mit dem (fingerdicken) Querschnitt von 1 cm^2 im Bruchzustand 37 kN oder das Gewicht von etwa 4 Personenautos trägt.

6.2. Dehnung

6.2.1. Definition

Körper können aus verschiedenen Gründen ihre Form ändern: Spannungen, Temperatur, Feuchtigkeitsaufnahme bzw. -abgabe usw.. Diese Formänderungen Δl sind proportional zur Länge l des Körpers. Um diesen Effekt erfassen zu können, wird der Begriff der Dehnung ε definiert: $\varepsilon = \Delta l / l$ oder $\Delta l = \varepsilon \cdot l$.

Dehnung ist also die Längenänderung pro Längeneinheit.

Beispiel: Nach Bild 6.2 habe ein unbelasteter Stab die Ursprungslänge $l = 1$ m. Unter Belastung verlängert er sich um 1 mm.
Seine Dehnung beträgt $\varepsilon = 1/1000 = 0,001$. Dehnungen haben die Dimension [1].

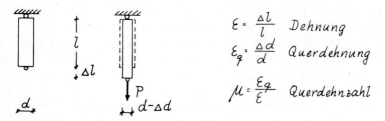

Bild 6.2: Dehnung $\varepsilon = \Delta l / l$ Querdehnung $\varepsilon_q = \Delta d / d$

6.2.2. Elastische Dehnung

Es gibt keinen Stoff, der unter dem Einfluß einer Spannung unverformt bleibt. Oft sind die Verformungen mit bloßen Auge nicht wahrnehmbar, dennoch bewirkt jede Zugspannung eine Dehnung, jede Druckspannung eine Stauchung (= negative Dehnung) des Körpers. Aus Versuchen ist bekannt, daß die Dehnung der meisten Baustoffe zumindest im Bereich geringer Spannungen proportional zur Spannung (linear) ist. Nach Entlastung nimmt der Körper wieder die alte Form ein. Dieses Verhalten nennt man elastisch.

Die Proportionalität (doppelte Spannung entspricht doppelter Dehnung) wurde von Hooke (1635-1703) in dem nach ihm benannten Hooke'schen Gesetz formuliert:

$$\sigma = E \cdot \varepsilon \text{ oder } \varepsilon = \sigma / E.$$

Die Spannung σ ist proportional zur Dehnung ε (elastisch; oder genauer: linear-elastisch). Als Proportionalitätsfaktor tritt eine Materialkonstante, der Elastizitätsmodul E, auf. Der E-Modul ist somit ein Maß für die Verformbarkeit eines Stoffes. Ein großer Wert E bedeutet geringe, ein kleiner Wert E große Verformbarkeit.

Einige Beispiele: Stahl: $E = 2{,}1 \cdot 10^4$ kN/cm^2
Holz: $E = 1{,}0 \cdot 10^3$ "
Beton B 25: $E = 3{,}0 \cdot 10^3$ "

Beispiel: In Bild 6.3 ist das sogenannte σ-ε-Diagramm eines typischen Baustahles aufgetragen, wie es aus Versuchen gewonnen wurde. Im Bereich unterhalb der Fließspannung β_s ist die Dehnung linear, d. h. proportional zur Spannung. Diesen Spannungsbereich nennt man den elastischen Bereich. Versucht man die Spannung zu erhöhen, so dehnt sich der Stahl bei gleichbleibender Spannung β_s weiter. Diesen Vorgang nennt man Fließen; die Fließdehnung ist nicht rückgängig zu machen, sie ist keine elastische, sondern eine plastische Verformung. Wird weiter gezogen, erreicht man den Verfestigungsbereich, in dem die Spannung bis zur Bruchspannung β gesteigert werden kann. Beton hat dagegen keine ausgeprägte Fließgrenze. Der lineare Bereich geht kontinuierlich in die Bruchdehnung über. Das σ-ε-Diagramm gibt so einen genauen Aufschluß über das typische Verhalten eines Baustoffes unter Belastung.

Beispiel: Der in Bild 6.2 dargestellte Stab sei aus Stahl. Er habe die Länge $l = 1{,}0$ m, den Querschnitt $F = 1$ cm^2 und trage die Last $P = 10$ kN. Die Spannung beträgt $\sigma = P/F = 10$ kN/cm^2, die Dehnung $\varepsilon = \sigma/E = 10/2{,}1 \cdot 10^4 = 0{,}48 \cdot 10^{-3}$,

6. Normalkraftwirkung und Dehnung

die Längenänderung $\Delta l = \varepsilon \cdot l = 0{,}48 \cdot 10^{-3} \cdot 10^{3} = 0{,}48$ mm.

Die elastische Dehnung der Baustoffe ist bedeutsam für Tragwerke, da sie eine Ursache für Verformungen, Durchbiegungen, Setzungen und damit von Schäden an Bauwerken ist.

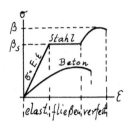

Bild 6.3: σ-ε-Diagramm

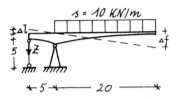

Bild 6.4: Tribünendach, Verformungen

<u>Beispiel</u>: Der Tribünenträger nach Bild 6.4 sei im Kragteil durch eine Schneelast s = 10 kN/m belastet. Die Zugstange erhält hieraus eine Zugkraft Z = 400 kN. Bei einer Querschnittsfläche F = 100 cm² verlängert sie sich um

$$\Delta l = \frac{400 \cdot 5 \cdot 10^{3}}{100 \cdot 2{,}1 \cdot 10^{4}} = 1 \text{ mm}.$$

Hieraus folgt eine Absenkung des Kragendes um $\Delta f = 4$ mm.

6.2.3. Querdehnung

Die in Bild 6.2 dargestellte Längenänderung des belasteten Stabes ist nicht seine einzige Verformung, denn gleichzeitig verringert sich sein Durchmesser d um den Betrag Δd. Der Wert $\varepsilon_q = \Delta d/d$ wird als Querdehnung bezeichnet. (Modell 16) Aus Versuchen ist bekannt, daß das Verhältnis Querdehnung zu Längsdehnung, die sogenannte Querdehnungszahl $\mu = \varepsilon_q/\varepsilon$, ebenfalls eine Materialkonstante ist. Es gilt z. B. für Metalle $\mu = 0{,}3$; für Beton $\mu = 0{,}15$.

Diese Eigenschaft der Querdehnung wird im Bauwesen genutzt. Aus Versuchen ist bekannt, daß die Tragfähigkeit der Materialien steigt, wenn die Querdehnung behindert wird. So läßt sich die Bruchlast einer Stahlbetonstütze steigern, indem der Betonquerschnitt mit einer kräftigen Wendelbewehrung umschnürt wird (Bild 6.5). Bei Lager aus Neoprene-Gummi kann durch Einvulkanisieren von Stahlplatten oder Stahlgittern, die die Querdehnung des Gummis behindern, die Tragfähigkeit erheblich gesteigert werden. Betonwürfel tragen im Bruchversuch

etwa 15 % mehr als Prismen aus dem gleichen Material, da sich bei Prismen
die Querdehnungsbehinderung durch die Druckplatte nicht so stark auswirkt.

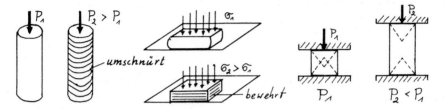

Bild 6.5: Querdehnungs-Behinderung

Diese stabilisierende Wirkung durch die Behinderung der Querdehnung erkennt
man an der Bruchfigur: Es entstehen Kegel, die sich durchdringen (Modelle 77
und 85).

6.2.4. Temperaturdehnung

Jeder Baustoff dehnt sich bei Erwärmung aus und verkürzt sich bei Abkühlung.
Die Längenänderung Δl_t ist proportional zur Stablänge l und zur Temperatur-
differenz Δt; der Proportionalitätsfaktor α_t wird <u>Wärmeausdehnungskoeffizient</u>
genannt:

$$\varepsilon = \alpha_t \cdot \Delta t; \quad \Delta l = \alpha_t \cdot \Delta t \cdot l.$$

Die α_t-Werte der üblichen Baustoffe sind annähernd gleich, nämlich $\alpha_t \cong 10^{-5}$.
(Gleiche α_t-Werte für Beton und Stahl sind übrigens die Voraussetzung für
den Verbundbaustoff Stahlbeton. Warum?) Als Faustregel gilt: Ein Stab von
l = 10 m dehnt sich bei Δt = 10° C um Δl = 1 mm:

$$\boxed{10 \text{ m}, 10° \longrightarrow 1 \text{ mm.}}$$

Da jedes Bauwerk tages- und jahreszeitlichen Temperaturschwankungen unterworfen ist, sind Temperaturverformungen unvermeidlich. Um Schäden hieraus zu vermeiden, sind lange Bauwerke möglichst gut gegen Temperatureinfluß zu dämmen
und in regelmäßigen Abständen durch Dehnfugen zu unterteilen.

<u>Beispiel</u>: Ein 100 m langes Bauwerk nach Bild 6.6 aus Sichtbeton kühlt im Win-
ter auf - 20° ab und erwärmt sich unter Sonneneinstrahlung im Sommer auf + 50°.
Ohne Dehnfugen wäre die Verformung $\Delta l = 10^{-5} \cdot 70° \cdot 100 \cdot 10^3$ = 70 mm. Bedenken
Sie die Konsequenzen für Tragwerk und Ausbau!

56 6. Normalkraftwirkung und Dehnung

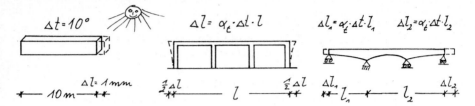

Bild 6.6: Temperaturdehnung

Beispiel: Eine 300 m lange Brücke ist Temperaturdifferenzen von $\Delta t = 60°$ ausgesetzt. Längenänderung $\Delta l = 10^{-5} \cdot 60 \cdot 300 \cdot 10^3 = 180$ mm. Rollenlager mit ausreichendem Rollweg müssen vorgesehen werden.

Temperaturverformungen sind eine der häufigsten Schadensursachen im Bauwesen. Deshalb ist die Kenntnis der zu erwartenden Verformungen und ihre Berücksichtigung beim Entwurf (Fugenteilung, Dehnwege, Dämmung usw.) von größter Bedeutung.

6.2.5. Plastische Verformung

Plastische Verformungen bleiben im Gegensatz zu elastischen Verformungen nach Entlastung bestehen. Hierzu zählen insbesondere Fließen (Stahl) sowie Schwinden (Austrocknen bei Holz, Beton, Mauerwerk) und Kriechen (nachträgliche Verformung unter Last). Schwinden und Kriechen sind häufige Schadensursachen, da dieser Effekt noch Monate nach Herstellung andauern kann und die Baustoffe z. T. stark unterschiedliche Schwind- und Kriechmaße haben (Zwängungen, Rißgefahr!). Diese Verformungen sind deshalb beim Entwurf von Tragwerken unbedingt zu berücksichtigen: Dehnfugen, Arbeitsfugen, Scheinfugen, schwindarme Baustoffe, keine Mischung von Baustoffen unterschiedlichen Materialverhaltens.

Beispiele: Schwindbeiwert Beton: $\varepsilon_s = 20$ bis $40 \cdot 10^{-5}$.
Das entspricht einer Temperaturabkühlung um 20 bis 40°, z. B. für $l = 10$ m:
$\Delta l = \varepsilon_s \cdot l = 2$ bis 4 mm.

Kriechbeiwert Beton: $\varphi = 1$ bis 3. Das bedeutet $\varepsilon_k = \varphi \cdot \varepsilon_{elast}$. Eine Betonstütze, die sich unter Last elastisch um 1 mm verkürzt, wird sich also unter der gleichen Last im Laufe der folgenden Monate um weitere 1 bis 3 mm verkürzen.

6.3. Schwerpunkt und Schwerachse

Mauerwerk aus Naturbims : $\varepsilon_s = 40 \cdot 10^{-5}$ $\varphi = 2,0$
Kalksandstein: $\varepsilon_s = 20 \cdot 10^{-5}$ $\varphi = 1,5$
Ziegel : $\varepsilon_s = \pm 10 \cdot 10^{-5}$ $\varphi = 0,75$

Ermitteln Sie die Verformungsdifferenzen, wenn in einer 2,75 m hohen Wand die oben aufgeführten Baustoffe fugenlos aneinandergrenzen und überlegen Sie die Konsequenzen für die Rißgefahr.

6.3. Schwerpunkt und Schwerachse

Die Anschauung zeigt, daß ein Querschnitt unter der Normalkraft N nur dann überall konstante Spannung erhält, bzw. daß das Gesetz $\sigma = N/F$ nur dann gilt, wenn N gemäß Bild 6.7. in einem bestimmten Punkt angreift (Bild 6.14). Diesen Punkt nennt man den <u>Schwerpunkt S</u>. Jede Gerade durch den Schwerpunkt ist eine <u>Schwerachse</u>; S ergibt sich gemäß Bild 6.8 als Schnittpunkt zweier Schwerachsen. Greift N außerhalb des Schwerpunktes, also exzentrisch, an, entsteht ein Moment $M = N \cdot e$, das nicht-konstante Spannungen bewirkt.

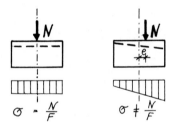
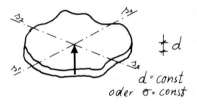

Bild 6.7: Zentrischer und exzentrischer Kraftangriff

Bild 6.8: Schwerpunkt = Unterstützungspunkt

Diese statische Betrachtung läßt sich nach Bild 6.8 anschaulich deuten. Ein Brett konstanter Dicke sei längs der Geraden s_1 gelagert. Die konstante Dicke entspricht konstantem Eigengewicht pro Flächeneinheit und damit konstanter Spannung σ. Das Brett steht im (labilen) Gleichgewicht, wenn $\Sigma M_{s1} = 0$. Ist diese Bedingung erfüllt, so ist s_1 eine Schwerachse. In gleicher Weise wird eine andere Schwerachse s_2 gefunden: Der Schnittpunkt ist der Schwerpunkt S und stellt den Unterstützungspunkt dar, über dem das Brett im (labilen) Gleichgewicht steht. Der Schwerpunkt S stellt gleichzeitig denjenigen Punkt dar, in dem N angreifen muß, damit $\sigma = N/F$ gilt (zentrischer Kraftangriff) (Bild 6.15).

58 6. Normalkraftwirkung und Dehnung

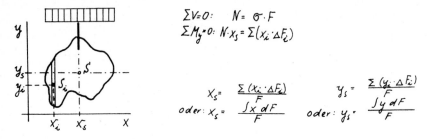

Bild 6.9: Koordinaten x_S und y_S des Schwerpunktes

Zur rechnerischen Bestimmung des Schwerpunktes wird der Querschnitt einem Koordinatensystem zugeordnet (Bild 6.9). Die Achse S_y ist dann Schwerachse, wenn die Momente um die y-Achse Null sind, also $\Sigma M_y = 0$. Hieraus folgt x_S. Entsprechend ist die Schwerpunktkoordinate y_S zu ermitteln.

Die Ausdrücke $\Sigma(\Delta F_i\, x_i)$ bzw. $\int_F x\, dF$ nennt man "Statisches Moment S_y der Fläche um die Achse y". Entsprechend wirkt S_x um die x-Achse.

Eine Schwerachse ist dadurch bestimmt, daß das statische Moment der Fläche um diese Achse Null ist. Daraus folgt, daß jede <u>Symmetrieachse</u> eine Schwerachse ist, daß also der Schwerpunkt bei symmetrischen Profilen auf der Symmetrieachse, bei doppelt-symmetrischen Profilen im Schnittpunkt der Symmetrieachsen liegt (Bild 6.10).

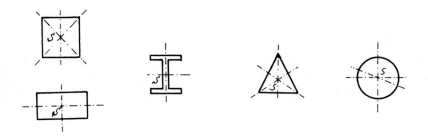

Bild 6.10: Schwerpunkt symmetrischer Profile

Zur praktischen Berechnung wird die Fläche F in eine Summe oder eine Differenz von Teilflächen F_i mit den Teil-Schwerpunkten S_i zerlegt (Bild 6.11). Aus den Gleichgewichtsbedingungen folgen die Koordinaten x_S und y_S.

6.3. Schwerpunkt und Schwerachse

Hinweis: Zur Rechenvereinfachung empfiehlt es sich, den Koordinatenursprung in einen Teil-Schwerpunkt in der Nähe des Gesamtschwerpunktes zu legen.

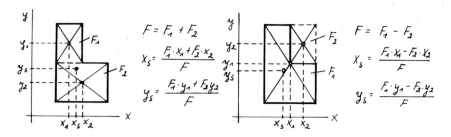

Bild 6.11: Koordinaten des Schwerpunktes
           Summe und Differenz von Flächen

Beispiel: Eine Stütze ist nach Bild 6.12 durch einen Installationsschlitz geschwächt. Wo muß eine Normalkraft N angreifen, z. B. ein Balken gelagert sein, damit der Querschnitt konstante Pressungen $\sigma = N/F$ erhält? Die Fläche wird als Differenz der Teilflächen $F = F_1 - F_2$ betrachtet, der Koordinatenursprung in S_1 gelegt. Die y-Achse ist gleichzeitig Symmetrie- und Schwerachse, also gilt $x_S = 0$. y_S folgt aus dem statischen Moment um die x-Achse. Überprüfen Sie diesen Wert durch Bildung einer Summe von Teilflächen!

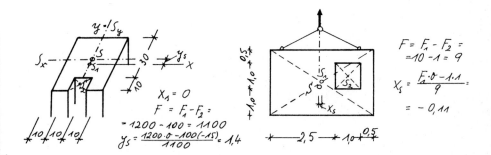

Bild 6.12: Schwerpunkt Stütze   Bild 6.13: Aufhängung Fassadenelement

Beispiel: Ein Fassadenelement nach Bild 6.13 hat eine Fensteröffnung. Die Aufhängung des Elementes zur Montage muß nach dem Schwerpunkt ausgerichtet werden, da sich das Element beim Hängen so einstellt, daß S vertikal unter A liegt. Die Fläche F wird als Differenz der Teilflächen betrachtet, der Koordinaten-

60 6. Normalkraftwirkung und Dehnung / 7. Momentenwirkung

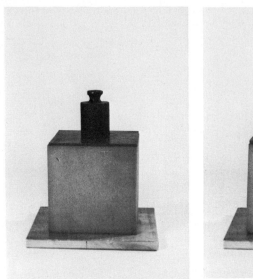
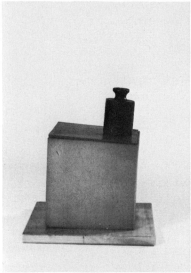

Bild 6.14: Zentrische Last bewirkt konstante Spannungen im Querschnitt, exzentrische Last bewirkt ungleichmäßige Spannungen (Modell 15)

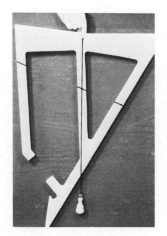
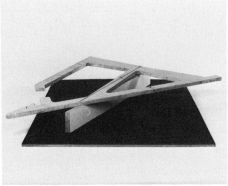

Bild 6.15: Schwerelinien und Schwerpunkt eines Querschnitts (Modell 14)

ursprung in S_1 gelegt. x_1 folgt aus dem Gleichgewicht der Fläche um die y-Achse. Überprüfen Sie auch diesen Wert über die Summe von Teilflächen.

7. Momentenwirkung

7.1. Technische Biegelehre

Biegemomente erzeugen in einem Querschnitt Spannungen. Im Gegensatz zur Normalkraftspannung sind die Biegespannungen jedoch nicht konstant, sondern über den Querschnitt veränderlich. In Bild 7.1 ist ein Balken dargestellt, der sich unter dem Einfluß von P durchbiegt. Betrachtet man ein kleines, rechteckiges Element in der Mitte des Balkens, so wird sich bei der Durchbiegung der obere Bereich verkürzen (Druckspannungen), der untere Bereich verlängern (Zugspannungen), insgesamt also das Rechteck zum Trapez verformen. Die aneinandergereihten Trapezelemente ergeben den gebogenen Träger (Bild 7.24).

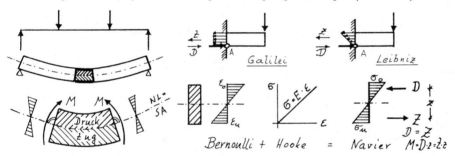

Bild 7.1: Biegebalken unter reiner Biegung

Bild 7.2: Annahmen zur Spannungsverteilung im Biegebalken

Die Frage, wie die aus M entstehenden Biegespannungen über den Querschnitt verteilt sind und welche Größe sie haben, hat die Naturwissenschaftler lange Zeit hindurch beschäftigt. Galilei (1569-1642) nahm an, daß ein Kragbalken nach Bild 7.2 um den unteren Randpunkt A dreht, und daß alle Fasern des Querschnitts eine konstante Zugspannung σ erhalten. Leibniz nahm ebenfalls den Drehpunkt am unteren Rand an, ging aber von einer dreieckigen Spannungsverteilung aus. Erst Navier, ein französischer Ingenieur (1785-1836), begründete die Technische Biegelehre, die heute noch angewendet wird. Aufbauend auf Arbeiten von Coulomb verwendete er die von Bernoulli (1654-1705) formulierte Hypothese, daß ebene und senkrecht zur Balkenachse geführte Schnitte auch

7. Momentenwirkung

nach der Biegeverformung eben und senkrecht bleiben, daß also die Dehnung ε linear über den Querschnitt verteilt ist. In Verbindung mit dem Gesetz von Hooke (1635-1703), wonach Spannung und Dehnung in elastischen Stoffen proportional sind, folgt daraus, daß auch die <u>Biegespannungen linear</u> über den Querschnitt verteilt sind. Aus den Gleichgewichtsbedingungen ergibt sich die Lage der Null-Linie und die Größe der Randspannungen.

Diese so einfache und uns heute selbstverständlich vorkommende Annahme einer linearen Spannungsverteilung und die Berechnung der Biegespannung aufgrund dieser Annahme ist also das Ergebnis eines langen geistigen Prozesses. Die einfachen Formulierungen waren, wie überall, auch hier die schwierigsten. Die Technische Biegelehre ermöglicht uns auf einfache Weise, das Biegeverhalten eines Trägers zu verstehen und rechnerisch zu bestimmen. Man muß sich bewußt sein, daß die Voraussetzung der linearen Spannungsverteilung eine vereinfachende Annahme darstellt, die den tatsächlichen Zustand in einem gebogenen Träger keineswegs exakt, jedoch in den meisten Fällen mit genügender Genauigkeit beschreibt.

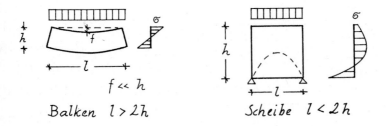

Bild 7.3: Balken und Scheibe

Aus genaueren Untersuchungen wissen wir heute, daß die Technische Biegelehre immer dann mit ausreichender Genauigkeit anwendbar ist, wenn der Träger schlank ist und keine großen Durchbiegungen auftreten (Bild 7.3). Bei Trägern mit $h > l/2$ (Scheiben) ist die Abweichung von der linearen Spannungsverteilung so groß, daß die Technische Biegelehre zu ungenaue Ergebnisse liefert und die genauere <u>Scheibentheorie</u> angewendet werden muß.

7.2. Biegespannungen

Ein Balken unter der Beanspruchung durch Biegemomente erhält Biegespannungen.

7.2. Biegespannung

Durch die Annahme von Navier ist die Verteilung der Spannungen über den Querschnitt vorausgesetzt, nämlich linear. Die Größe der Spannungen ist bekannt, wenn 2 weitere Werte bekannt sind, z. B. σ_u und Lage der Null-Linie (NL). Diese beiden Werte erhält man nach Bild 7.4 aus den Gleichgewichtsbedingungen: Die resultierende Wirkung der Spannungen muß gleich sein den Schnittkräften.

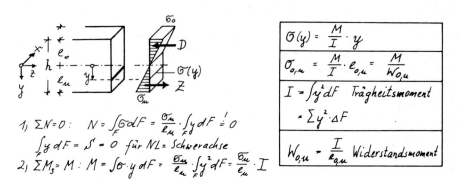

Bild 7.4: Biegespannung

Den Sonderfall, daß die Normalkraft Null ist, nennt man <u>reine Biegung</u>. Die Bedingung N = 0 führt dazu, daß die Null-Linie der Spannungen gleich der Schwerachse ist. Im Fall der reinen Biegung erhält also die Schwerachse des Querschnitts weder Dehnungen noch Spannungen. Weiterhin muß die resultierende Momentenwirkung der Spannungen gleich dem Biegemoment M sein. Hieraus folgt die grundlegende einfache Formel:

$$\sigma = \frac{M}{I} \cdot y$$

mit I = Trägheitsmoment des Querschnitts.

Da vor allem Randspannungen $\sigma_{o,u}$ interessieren, wird als Abkürzung der Begriff des Widerstandsmomentes **W** eingeführt:

$$\boxed{\sigma_{o,u} = \frac{M}{W_{o,u}}} \qquad \boxed{W_{o,u} = \frac{I}{e_{o,u}}}$$

Es sei darauf hingewiesen, daß Biegespannungen σ und Normalkraftspannungen σ dasselbe sind; lediglich die Verteilung über den Querschnitt ist anders.

<u>Beispiel:</u> Der Träger nach Bild 7.1 besteht aus einem Stahlprofil IPB 100 und ist in Feldmitte durch das Biegemoment M = 10 kN beansprucht. Aus Tabellenbüchern ergibt sich für IPB 100: I = 450 cm^4, $W_o = W_u = 450/50 = 90$ cm^3; hiermit $\sigma_o = \sigma_u = M/W_{o,u} = 1000 / 90 = 11,1$ kN/cm^2.

7. Momentenwirkung

7.3. Trägheitsmoment, Widerstandsmoment

Das Trägheitsmoment $I_x = \int_F y^2 dF$ bzw. $I_y = \int_F x^2 dF$ ist ein rein geometrischer Wert des Querschnitts. So wie F maßgebend ist für die innere Beanspruchung infolge N, so ist I maßgebend für die Beanspruchung infolge M. Das Trägheitsmoment ist stets um die Schwerachse des Querschnitts anzusetzen, also I_x um x-Achse, I_y um y-Achse. (Andere Schreibweise: $I_x = I_{yy}$, $I_y = I_{xx}$).
Da I die Summe aller kleinen Teilflächen dF, multipliziert mit dem Quadrat des Abstandes von der Schwerachse ist, (vergleiche das statische Moment der Fläche bei der Schwerpunktbestimmung $S_x = \int_F y dF$), wird es auch als Flächenmoment 2. Grades bezeichnet. Das Widerstandsmoment W ist ebenfalls ein rein geometrischer Wert des Profils. Es ist Trägheitsmoment geteilt durch Randabstand. Für alle um die Bezugsachse symmetrische Profile gilt $W_o = W_u$, da $e_o = e_u$.

Beispiel: Rechteckquerschnitt nach Bild 7.5: Die Integration über die Fläche ergibt $I = bh^3/12$ und damit $W_o = W_u = bh^2/6$.

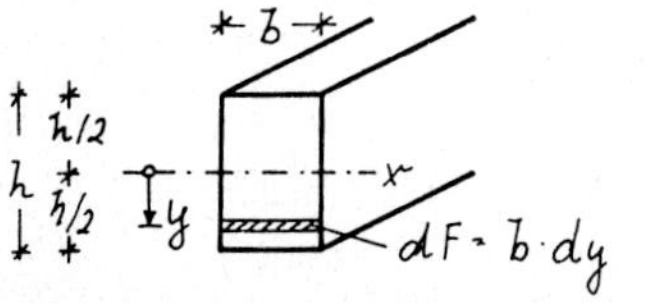

$$I_x = \int_F y^2 \cdot dF = b \cdot \int_{-h/2}^{+h/2} y^2 dy = \frac{bh^3}{12}$$

$$W_o = W_u = \frac{I}{h/2} = \frac{bh^2}{6}$$

Bild 7.5: Trägheitsmoment und Widerstandsmoment für den Rechteckquerschnitt

Die Trägheits- und Widerstandsmomente für die üblichen im Bauwesen verwendeten Profile sind Tabellentafeln zu entnehmen. Stehen keine Tabellen zur Verfügung, ist I zu berechnen (Bild 7.6). Vorerst ist der Schwerpunkt S des Querschnitts und damit die Schwerachse, um die M wirkt, zu bestimmen. Danach wird der Querschnitt in Teilflächen F_i mit den Teilschwerpunkten S_i und den Teilschwerachsen i unterteilt. Das Trägheitsmoment I_s um die gemeinsame Achse s ist die Summe der Trägheitsmomente $I_{s,i}$ der Teilflächen i um s, also $I_s = \Sigma I_{s,i}$.

Die Trägheitsmomente der Teilflächen wirken dabei um die gemeinsame Achse s, nicht um ihre eigene (Teil-)Achse i. Ihre Bestimmung erfolgt gemäß Bild 7.6 mit dem Satz von Steiner:

$$I_{s,1} = I_1 + e_1^2 \cdot F_1.$$

Das Trägheitsmoment der Teilfläche F_1 um s ist also das Trägheitsmoment I_1 der Teilfläche um die eigene Achse 1 zuzüglich dem Produkt Teilfläche F_1 mal Quadrat des Abstandes e_1 von der Bezugsachse s. (Vgl. $I = \int y^2 dF = \Sigma e^2 \cdot \Delta F$).
Der 2. Summand $e^2 \cdot \Delta F$ ist oftmals entscheidend und darf keineswegs vernachlässigt werden.

7.3. Trägheitsmoment, Widerstandsmoment

Beispiel: Das T-Profil nach Bild 7.6 wird in 2 Teilflächen zerlegt. Zur Bestimmung des Schwerpunktes wird vorerst ein Koordinatensystem in S_1 gelegt und der Schwerpunktsabstand e_1 ermittelt. Damit liegt die gemeinsame Schwerachse s fest. Danach sind die Trägheitsmomente $I_{s,1}$ und $I_{s,2}$ der Teilflächen um s zu bestimmen und zum Trägheitsmoment I_s zu addieren. Die Widerstandsmomente erhält man durch Division von I_s durch die Randabstände. Da das Profil um die s-Achse nicht symmetrisch ist, gilt $W_o \ne W_u$.

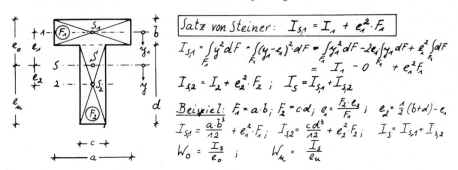

Bild 7.6: Satz von Steiner

Achtung: Widerstandsmomente können nicht als Summe der Widerstandsmomente der Teilflächen gefunden werden. Warum? (Bedenken Sie die Randabstände $e_{o,u}$!) Zur besseren Anschauung: Teilt man einen Querschnitt in sehr viele Teilflächen F_i, so werden dessen Eigenträgheitsmomente I_i vernachlässigbar klein gegenüber $e_i^2 \cdot F_i$, so daß gilt $I_s \approx \Sigma e_i^2 F_i$. Dies bedeutet, daß jede Teilfläche F_i einen Anteil zum Trägheitsmoment I_s und damit zur Biegesteifigkeit des Profils liefert, der proportional zum Quadrat des Abstandes von der Schwerachse ist. Die Tragfähigkeit eines Profils gegenüber M ist also umso größer, je größer der Abstand der Teilflächen vom Schwerpunkt ist. Deshalb werden I-, T- und Hohlprofile gemäß Bild 7.7 besonders gerne verwendet. (Nochmals zum Ursprung von e^2: Entsprechend $I = \int y^2 dF$ entspringt ein e der linear anwachsenden Spannung, das andere e dem Hebelarm beim Bilden von M.)

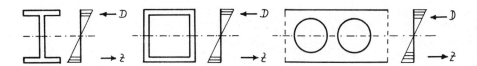

Bild 7.7: Günstige Querschnittsformen zur Aufnahme von Biegemomenten

7. Momentenwirkung

Beispiel: Ein Balken b/d = 6/18 ist biegebeansprucht. Wie ändert sich die Randspannung, wenn der Balken flach liegt? Wie lauten die entsprechenden Werte für ein Stahlprofil I 100? Überprüfen Sie die Werte in Bild 7.8:

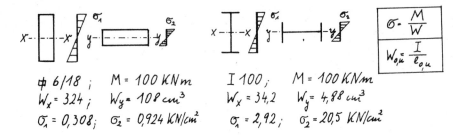

Bild 7.8: Spannungsvergleich bei hoch- und querliegenden Profilen

Beispiel: Ein Holzbalken 12/20 soll durch 2 aufgeleimte Bretter 3/12 verstärkt werden. Welchen Einfluß hat die Verstärkung, wenn sie seitlich bzw. an Ober- und Unterkante aufgebracht wird? Überprüfen Sie die in Bild 7.9 angegebenen Werte und vergleichen Sie den Erfolg der Verstärkung. Wie groß sind die Randspannungen bei M = 10 kNm?

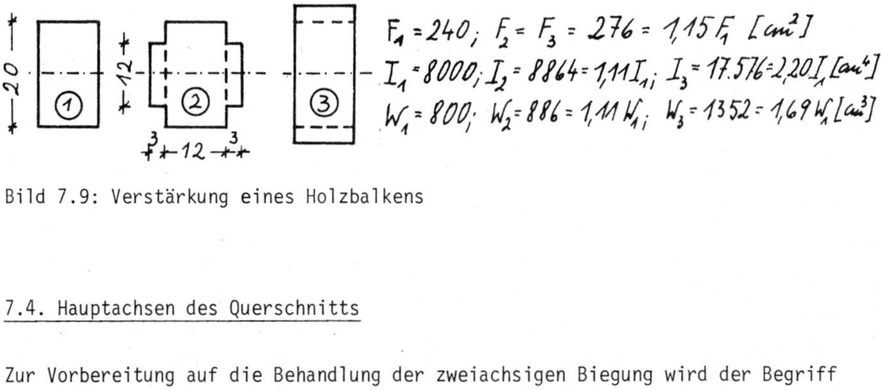

Bild 7.9: Verstärkung eines Holzbalkens

7.4. Hauptachsen des Querschnitts

Zur Vorbereitung auf die Behandlung der zweiachsigen Biegung wird der Begriff der Hauptachsen erläutert, ohne ihn besonders zu vertiefen. Bei der Behandlung des Schwerpunktes wurde definiert, daß jede Achse durch den Schwerpunkt eine Schwerachse ist. Im Bild 7.10 sind einige Schwerachsen eines Rechteckquerschnittes gezeichnet. Die Erfahrung lehrt, daß diese Achsen nicht gleichwertig sind: Für Biegung um Achse 1 weist der Querschnitt die größte, um Achse 2 die kleinste Biegesteifigkeit (Trägheitsmoment) auf. Man nennt sie deshalb die Hauptachse des Querschnitts. Die Achsen 3 und 4 und alle möglichen anderen Achsen durch S sind zwar Schwerachsen, aber nicht Hauptachsen, da die Träg-

7.4. Hauptachsen des Querschnitts

heitsmomente um diese Achsen keine Extremwerte darstellen.
1 nennt man die starke, 2 die schwache Hauptachse. Die beiden Hauptachsen stehen stets senkrecht aufeinander.

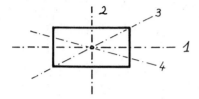

Bild 7.10: Schwerachsen 1 - 4, Hauptachsen 1, 2

Mathematisch formuliert gilt für die Hauptachsen eines beliebigen Querschnittes, daß das "gemischte" Trägheitsmoment $I_{x,y}$, das Zentrifugalmoment, um diese Achsen verschwindet, also $I_{x,y} = \int_F xy \cdot dF = 0$. Anhand dieser Definition erkennt man, daß diese Bedingung für alle Symmetrieachsen erfüllt ist. (Warum?)

Deshalb gilt allgemein: Alle Symmetrieachsen und die senkrecht dazu stehenden Schwerachsen sind Hauptachsen. Für symmetrische Profile sind die Hauptachsen also sofort erkennbar. Für unsymmetrische Profile läßt sich die schwache Hauptachse aus Erfahrung leicht schätzen. Die starke Hauptachse steht senkrecht dazu.

Beispiele: Siehe Bild 7.11.

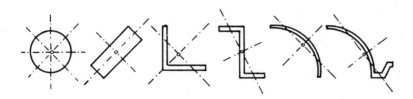

Bild 7.11: Beispiele für Hauptachsen

68 7. Momentenwirkung

7.5. Zweiachsige Biegung

Bisher haben wir stillschweigend vorausgesetzt, daß die auf einen Träger angreifenden Kräfte in einer Hauptachse wirken, der Träger also um die andere Hauptachse gebogen wird. Diese Beanspruchung nennt man einachsige Biegung. Greifen zusätzlich Kräfte senkrecht dazu an, wirkt die Resultierende also nicht in einer Hauptachse, spricht man von zweiachsiger Biegung.

Regel: Wirkt eine Kraft (oder ein Moment) nicht in der Richtung einer Hauptachse, so ist sie vorerst in Komponenten in Hauptachsenrichtung zu zerlegen. Danach wird die Biegespannung für jede Hauptachse getrennt ermittelt und zuletzt überlagert.

Beispiel: Ein Kragarm nach Bild 7.12 sei durch eine geneigte Kraft R auf Biegung beansprucht; R wird in P_1 und P_2 in Richtung der Hauptachsen zerlegt. Die Biegespannung ist $\sigma = \sigma_1 + \sigma_2$.

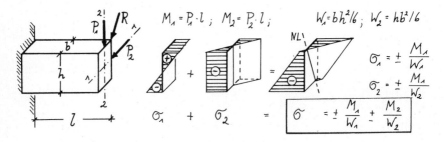

Bild 7.12: Zweiachsige Biegung

Achtung: Die Null-Linie verläuft bei zweiachsiger Biegung nicht senkrecht zu R!

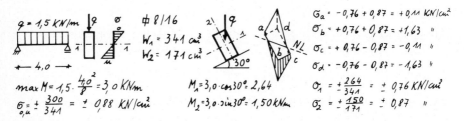

Bild 7.13: Dachpfette vertikal und geneigt

Beispiel: Die Pfette eines Dachstuhls nach Bild 7.13 soll hochkant eingebaut werden. Unter der Streckenlast q erhält sie eine Randspannung σ. Aus gestalte-

7.5. Zweiachsige Biegung

rischen Gründen veranlaßt der Architekt, daß die Pfette der Dachneigung entsprechend mit $\alpha = 30°$ geneigt einzubauen ist. Die Eckspannungen σ_b und σ_d verdoppeln sich dadurch nahezu. Überprüfen Sie die Zahlenwerte!

An diesem Beispiel ist erkennbar, daß jede Neigung eines Querschnittes, auch ungewollte Schiefstellung, erhebliche Spannungserhöhungen bewirken und dadurch sehr gefährlich sein kann. Dies wird sich umso stärker auswirken, je stärker I_1 und I_2 voneinander abweichen. Es sei daher nochmals darauf hingewiesen, daß sich ein Träger bei zweiachsiger Biegung nicht um eine Achse biegt, die senkrecht zur Richtung der Resultierenden steht, sich vielmehr die Biegung aus den Komponenten in Hauptachsenrichtung zusammensetzt. Bei stark unterschiedlichem I_1 und I_2 kann schon eine kleine Komponente erheblich größere Biegebeanspruchung um die schwache Hauptachse bewirken als eine große Komponente um die starke Achse.

Beispiel: Ein schlankes, geneigtes Rechteckprofil nach Bild 7.14 wird durch vertikale Kräfte auf Biegung beansprucht. Zwar ist die Kraftkomponente P_2 klein gegenüber P_1, wegen $I_2 \ll I_1$ ist jedoch $\sigma_2 \gg \sigma_1$, d. h. Biegung um die schwache Achse herrscht vor.

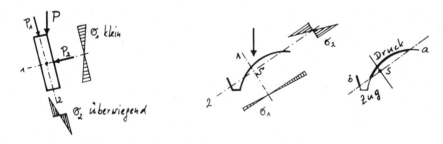

Bild 7.14: Zweiachsige Biegung bei schlankem Rechteckquerschnitt

Bild 7.15: Zweiachsige Biegung bei Shedprofil

Beispiel: Der Querschnitt einer Shed-Halle nach Bild 7.15 wird vorwiegend durch vertikale Kräfte auf Biegung beansprucht. Wegen stark unterschiedlicher Werte I_1 und I_2 überwiegt die Biegung um die schwache Achse. Deshalb erhält Punkt a Zugspannungen, obwohl er der höchste Punkt des Profils ist, während Punkt b gedrückt ist, obwohl er noch unterhalb von S liegt.

7. Momentenwirkung

7.6. Gleichzeitige Wirkung von M und N

7.6.1. Allgemeines

Da Normalkraftspannungen σ und Biegespannungen σ gleichartig sind, können sie überlagert werden: $\sigma = N/F \pm M/W$. Verbleiben bei der Überlagerung Zugspannungen, wird also die Biegezugspannung nicht durch die Normalkraftspannung überdrückt, so ist darauf zu achten, daß nur manche Baustoffe Zugspannungen aufnehmen können, z. B. Stahl und Holz. Andere Baustoffe wie Beton, Mauerwerke oder die Bodenfuge unter Fundamenten nehmen keine Zugspannungen auf, die Fuge klafft. Hierauf wird später noch ausführlich eingegangen.

Die gleichzeitige Wirkung von M und N ist ein häufig auftretender Fall bei Baukonstruktionen. Jedes Lager wird infolge von unvermeidlichen Herstellungsungenauigkeiten oder von Drehwinkeln der gelagerten Träger exzentrisch, also mit N und M beansprucht. Jede Stütze oder Wand erhält Biegung aus Wind, Anprall-Lasten, Verformungen oder aus unvermeidlichen Ungenauigkeiten der Stützen- und Wandachsen (Bild 6.14). Oft sind die Momente vernachlässigbar gering, in vielen Fällen aber müssen sie berücksichtigt werden. Hierbei ist zu unterscheiden zwischen Baustoffen, die zug- und druckfest sind, also z. B. Stahl und Holz, und Baustoffen, die keine gesicherte Zugfestigkeit besitzen, wie Mauerwerk und Beton. Auch Fundamente gehören dazu, da die Bodenfuge zwar Druck-, aber keine Zugspannungen aufnehmen kann.

Ein derartiger Baustoff übernimmt auch keine Biegezugspannungen; er kann daher nicht durch reine Biegung beansprucht werden. Wird hingegen die Biegezugspannung durch Druckspannung aus N überdrückt, können auch nicht zugfeste Materialien Biegemomente übernehmen. Im folgenden wird vorausgesetzt, daß keine Knickgefahr der gedrückten Tragteile besteht.

7.6.2. Exzentrische Normalkraft bei zugfesten Baustoffen

Vorerst sei wiederholt, daß die gleichzeitige Wirkung von M und N auch als exzentrisch wirkende Normalkraft angesehen werden kann, siehe z. B. Bild 3.5. Die Exzentrizität ist $e = M/N$. Da Normalspannungen σ und Biegespannungen σ gleichartig sind und sich nur in der Verteilung über den Querschnitt unterscheiden, können sie überlagert werden. Für gleichzeitige Wirkung von M und N gilt somit: $\sigma = N/F \pm M/W$. Je nach dem Verhältnis von M zu N, also nach der Exzentrizität e, sind gemäß Bild 7.16 verschiedene Fälle zu unterscheiden, wobei ein rechteckiger Querschnitt zugrunde gelegt ist. Diejenige Exzentrizi-

7.6. Gleichzeitige Wirkung von M und N

tät, bei der die Randspannung Null wird, wird die <u>Kernweite</u> e_k genannt. Sie ergibt sich aus

$$\sigma = \frac{N}{F} \pm \frac{M}{W} = 0 \text{ bzw. } \frac{M}{N} = e_k = \frac{W}{F}.$$

Für Rechteckquerschnitte gilt $e_k = \frac{b\,d^2}{6\,b\,d} = \frac{d}{6}$. Solange eine Druckkraft innerhalb der Kernweite wirkt, solange also bei Rechteckquerschnitten $e \leq d/6$, herrschen im Querschnitt nur Druckspannungen. Wird die Exzentrizität größer, entstehen auch Zugspannungen.

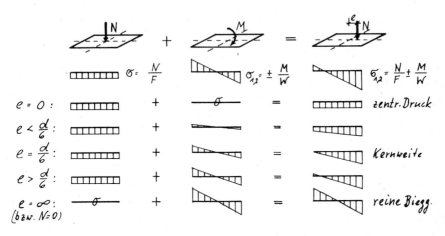

Bild 7.16: Einachsige Biegung mit Normalkraft

<u>Beispiel:</u> Ein Fundament nach Bild 7.17 sei durch N und ein Windmoment $M = W \cdot h$ belastet. Da $e < d/6$, herrscht nur Druck im Querschnitt.

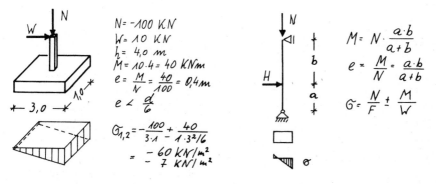

Bild 7.17: Bodenpressung unter Fundament

Bild 7.18: Stahlstütze unter Anprall-Last

7. Momentenwirkung

Beispiel: Eine Stahlstütze in einem Lagerhaus nach Bild 7.18 erhält außer N eine Anprall-Last H aus Gabelstaplerbetrieb. Wegen der geringen Auflast ist e groß, der Querschnitt erhält Zug- und Druckspannungen.

Im allgemeineren Fall zweiachsiger Biegung mit Normalkraft sind nach Bild 7.19 drei Spannungsanteile zu überlagern:

$$\sigma = \frac{N}{F} \pm \frac{M_x}{W_x} \pm \frac{M_y}{W_y}.$$

Beispiel: Stahlbetonsockel nach Bild 7.19. Die Null-Linie verläuft schräg im Querschnitt und nicht durch den Schwerpunkt. Der Druckkeil wird vom Beton aufgenommen, der Zugkeil muß durch Eiseneinlagen gedeckt werden, da Beton keine Zugfestigkeit hat.

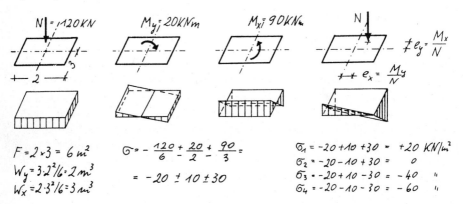

Bild 7.19: Zweiachsige Biegung mit Normalkraft

7.6.3. Exzentrische Normalkraft bei versagender Zugzone

Greift die Normalkraft außerhalb der Kernweite an, treten im Querschnitt Zugspannungen auf. Ist das Material nicht zugfest, also z. B. Mauerwerk oder unbewehrter Beton oder bei Fundamenten, versagt die Zugzone, und es entsteht eine klaffende Fuge. Die Länge der Klaffung sowie die Randspannung ergibt sich aus der Bedingung, daß die angreifende Kraft N und die Reaktionskraft R gleichgroß sein und auf der gleichen Wirkungslinie wirken müssen. Hat N nach Bild 7.20 den Randabstand $c = d/2 - e$, so ist die Länge des Druckkeils $x = 3c$, da die Resultierende R der Spannungen im Schwerpunkt des Dreiecks, also im Drittelspunkt angreift. Die Größe der resultierenden Kraft R ergibt sich aus dem Volumen des Druckkeiles. Mit $R = N$ folgt hieraus die Randspannung $\sigma_R = 2P/3cb$.

7.6. Gleichzeitige Wirkung von M und N

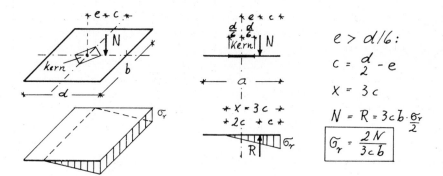

Bild 7.20: Exzentrischer Kraftangriff mit klaffender Fuge
bei Rechteckquerschnitt

Beispiel: Ein Straßenschild nach Bild 7.21 ist in ein Betonfundament eingespannt. In einem 1. Rechengang wird geprüft, ob die Fundamentbreiten b/d = 0,50/0,50 ausreichen. Aus Wind entsteht das Moment M = 6 kNm, aus Eigengewicht des Schildes und des Fundamentes N_1 = 10 kN. Aus e = M/N folgt, daß die Kraft weit außerhalb des Fundamentes wirkt, so daß das Fundament umkippen würde. Die Abmessungen genügen also nicht. In einem 2. Rechenschritt wird das Fundament daher vergrößert auf b/d = 1,0/1,0, so daß die Normalkraft anwächst auf N_2 = 30 kN. Für diesen Fall wirkt die Kraft zwar auch außerhalb des Kerns, jedoch entsteht nur eine geringe Klaffung der Bodenfuge, nämlich um 1,0 - 0,90 = 0,10 m.

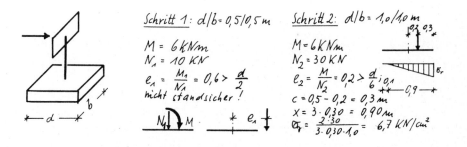

Bild 7.21: Straßenschild unter Windlast; klaffende Sohlfuge

74   7. Momentenwirkung / 8. Querkraftwirkung

Klaffende Fugen sind, von besonderen Fällen wie z. B. Schornsteinen abgesehen, zugelassen, sofern die Sicherheit gegen Umkippen gewährleistet ist. Verlangt man, daß im Bruchzustand bei 1,5-fachem Moment (Kippsicherheit 1,5) die Kraft N gerade durch die Kante verläuft, also 1,5 M/N = d/2, so folgt daraus für den Gebrauchszustand zul e = M/N = d/3. Das bedeutet bei Rechteckquerschnitten eine zulässige Klaffung bis zur Mitte (Bild 7.22). Größere Exzentrizitäten und Klaffungen sind unzulässig, da eine geringe Vergrößerung des Momentes zum Versagen (Umkippen) führen würde.

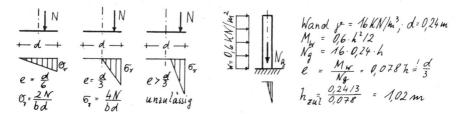

Bild 7.22: Klaffende Fuge,   Bild 7.23: Gartenmauer unter Wind,
             zulässig bis Schwerachse   zulässige Höhe

Beispiel: Eine 24 cm dicke gemauerte Gartenwand nach Bild 7.23 soll unter Windlast eine klaffende Fuge nicht weiter als bis zur Querschnittsmitte aufweisen. Die zulässige Wandhöhe ergibt sich zu h = 1,02 m. Eine Vergrößerung der Wandhöhe würde eine größere Dicke oder ein größeres spezifisches Gewicht oder Ausführung in Stahlbeton erfordern.

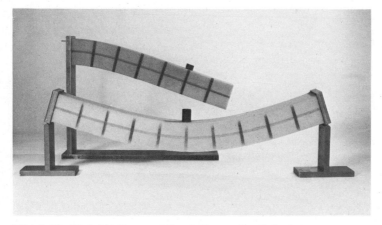

Bild 7.24: Einfeldträger und Kragträger unter Belastung:
           Verformung unter positivem und negativem Biegemoment
           (Modelle 17 und 18)

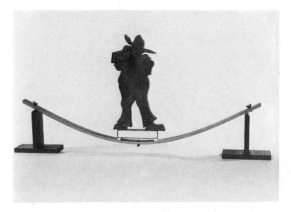

Bild 7.25: Bretterstapel unter Last: Die Bretter verschieben sich gegeneinander. Wird diese Verschiebung durch Verdübelung verhindert, erhöht sich die Tragfähigkeit (Modell 20)

8. Querkraftwirkung

8.1. Reine Querkraftwirkung

Querkräfte Q bewirken im Querschnitt Schubspannungen τ, die in Richtung der Querkraft, also parallel zur Schnittebene wirken. Ihre Wirkungsrichtung ist somit senkrecht zur Richtung der σ- Spannungen aus N und M. σ und τ haben deshalb einen grundsätzliche anderen Charakter und dürfen nicht superponiert werden. Es ist naheliegend, Q analog zu N so auf einen Querschnitt zu verteilen, daß jede Flächeneinheit den gleichen Anteil zu tragen hat, also die Schubspannung zu definieren: $\tau = Q/F$. Diese Annahme einer konstanten Schubspannungsverteilung trifft nur in grober Näherung zu, und auch dann nur, wenn es sich um rechteck-ähnliche Profile handelt und die gleichzeitige M-Wirkung gering

8. Querkraftwirkung

ist. Als Beispiel siehe Konsolen nach Bild 8.1. In solchen Fällen nennt man die Schubspannung τ auch <u>Scherspannung.</u> (Siehe auch Bild 5.5).

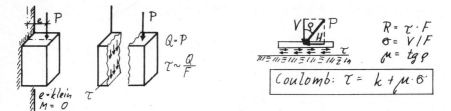

Bild 8.1: Scherspannung in einer Konsole   Bild 8.2: Reibung

Alle Baustoffe haben eine bestimmte <u>Schubfestigkeit,</u> die aus Versuchen bekannt ist und die mit festgelegter Sicherheit nicht überschritten werden darf.

Schubspannungen treten auch bei der <u>Reibung</u> auf. Wird ein Körper gemäß Bild 8.2 durch eine geneigte Kraft P beansprucht, so kann die Horizontalkomponente H aufgenommen werden, solange sie kleiner als die Reibungskraft R ist. Das Coulomb'sche Reibungsgesetz formuliert die aufnehmbare Schubspannung

$$\tau = k + \mu \cdot \sigma .$$

Hierin sind die Kohäsion k und der Reibungsbeiwert μ Materialkonstanten, die aus Versuchen bestimmt werden. Für k = o gilt μ = H/V = tgφ.

8.2. Querkraftbiegung

Ist der Einfluß von M nicht mehr gering, kann τ nicht konstant über den Querschnitt verteilt sein. Die tatsächliche Verteilung ergibt sich nach der Technischen Biegelehre aus den Gleichgewichtsbedingungen. Dazu einige Vorüberlegungen.

Wird ein Träger durch Querkräfte Q beansprucht, so treten Schubspannungen τ im betrachteten Schnitt in Richtung von Q auf. Die Summe aller Schubspannungen eines Schnittes ist gleich Q: $Q = \int_F \tau \, dF$. (Siehe Bild 8.3).

Gleichzeitig treten aber auch Schubspannungen in Schnitten senkrecht zu Q auf. Sie werden anschaulich erkennbar, wenn man sich den Träger nicht als homogenen Balken, sondern als <u>Bretterstapel</u> nach Bild 8.3 vorstellt (Bild 7.25). Bei der Durchbiegung verschieben sich die Bretter gegeneinander, jedes der Bretter erhält die gleiche Biegespannung σ_1. Beim <u>homogenen</u> Balken dagegen bleiben die

8.2. Querkraftbiegung

Querschnitte eben, die Biegespannung verläuft linear über die volle Höhe h, die gegenseitige Verschiebung der 3 Teile wird durch horizontale Schubspannungen verhindert. Dadurch ist die Biegesteifigkeit (das Trägheitsmoment I_2) des Balkens wesentlich größer als das des Bretterstapels I_1.

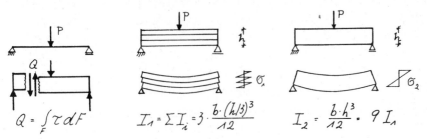

Bild 8.3: Querkraftwirkung auf Biegebalken

Betrachtet man ein kleines Element nach Bild 8.4 innerhalb des Balkens, so greifen also an ihm vertikale (τ_{zy}) und horizontale Schubspannungen (τ_{yz}) an. Das Gleichgewicht gegen Verdrehen des Elementes ergibt, daß die beiden Kräftepaare und damit die vertikal und die horizontal gerichteten Schubspannungen gleich sein müssen:

$$\tau_{yz} = \tau_{zy} = \tau$$

Es gilt deshalb der Satz: "Schubspannungen sind stets paarweise gleich."

Die Verteilung der Schubspannungen über die Querschnittshöhe und ihre Größe ergibt sich aus dem Gleichgewicht am Element. Betrachtet man wieder ein Element eines Balkens nach Bild 8.5, so ist die Biegespannung σ_l am linken Elementrand kleiner als σ_r am rechten Rand, da das Moment M um dM angewachsen ist. Das Gleichgewicht gegen Verschieben in horizontaler Richtung erfordert im Schnitt 1 Schubspannungen

$$\tau_1 = \frac{Q \cdot S_{1x}}{b \cdot J}$$

Diese Formel wird <u>Dübelformel</u> genannt, da nach ihr Dübelbalken berechnet werden. S_{1x} ist das statische Moment der durch Schnitt 1 abgetrennten Teilfläche um die x-Achse. Den Begriff des statischen Momentes einer Fläche hatten wir bereits im Zusammenhang mit dem Schwerpunkt behandelt.

Beispiel: Ein Leimbalken (oder Dübelbalken) nach Bild 8.6 sei aus 4 Bohlen zusammengeleimt. In der Leimfuge (Dübelfuge) 1 wirkt die Schubspannung τ_1, in Fuge 2 wirkt τ_2. Diese Schuspannungen müssen von der Verleimung (Verdübelung) aufgenommen werden können, sonst reißt die Fuge und aus dem Balken wird ein Bretterstapel mit geringerer Tragfähigkeit. Aus Bild 8.5 ergibt sich, daß die Schubspannung am oberen und unteren Rand des Querschnitts $\tau_o = \tau_u = 0$ sein muß. Anschaulich folgt dies daraus, daß am (Luft-)Rand keine Gegenkraft τ wirken kann; formal ist für einen Randschnitt 1 die Teilfläche und damit $S_{1x} = 0$.

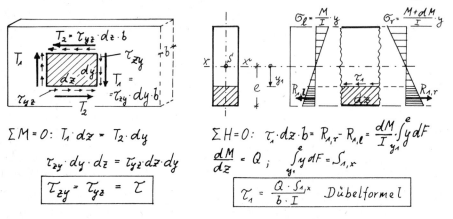

$\sum M = 0: \quad T_1 \cdot dz = T_2 \cdot dy$

$\tau_{zy} \cdot dy \cdot dz = \tau_{yz} \cdot dz \cdot dy$

$\boxed{\tau_{zy} = \tau_{yz} = \tau}$

$\sum H = 0: \quad \tau \cdot dz \cdot b = R_{1,r} - R_{1,\ell} = \dfrac{dM}{I} \int_{y_1}^{e} y \, dF$

$\dfrac{dM}{dz} = Q \; ; \quad \int_{y_1}^{e} y \, dF = S_{1,x}$

$\boxed{\tau_1 = \dfrac{Q \cdot S_{1,x}}{b \cdot I}} \quad \text{Dübelformel}$

Bild 8.4: Gleichgewicht gegen Verdrehen des Elementes

Bild 8.5: Dübelformel

Weiterhin ergibt sich aus Bild 8.5, daß die <u>maximale Schubspannung</u> stets in der Schwerachse des Querschnitts auftritt, da dort R_1 (bzw. S_{1x}) maximal ist. Jenseits der Schwerachse verringern sich die Werte wegen des Vorzeichenwechsels.

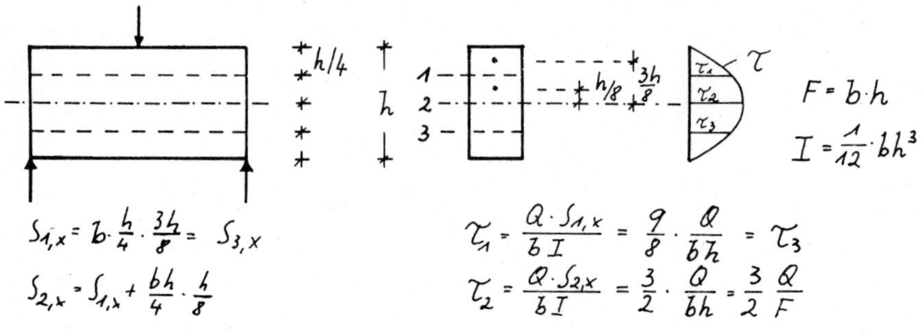

$F = b \cdot h$

$I = \dfrac{1}{12} \cdot b h^3$

$S_{1,x} = b \cdot \dfrac{h}{4} \cdot \dfrac{3h}{8} = S_{3,x}$

$S_{2,x} = S_{1,x} + \dfrac{bh}{4} \cdot \dfrac{h}{8}$

$\tau_1 = \dfrac{Q \cdot S_{1,x}}{b I} = \dfrac{9}{8} \cdot \dfrac{Q}{b h} = \tau_3$

$\tau_2 = \dfrac{Q \cdot S_{2,x}}{b I} = \dfrac{3}{2} \cdot \dfrac{Q}{b h} = \dfrac{3}{2} \dfrac{Q}{F}$

Bild 8.6: Leimträger

8.3. Schubspannungen in Rechteck- und I-Profilen

In Rechteckprofilen sind die Schubspannungen, wie man sich durch geschlossene Auswertung von S_{1x} überzeugen kann, über die Höhe parabolisch verteilt. Da die Summe der Schubspannungen gleich Q sein muß, gilt max $\tau = \frac{3}{2} \frac{Q}{F}$. Die maximale Schubspannung ist also um 50 % größer als sie sich bei konstanter Spannungsverteilung ergeben würde. Bei den üblichen dünnwandigen Walzprofilen nach Bild 8.7 tragen die Ober- und Untergurte vorwiegend zur Aufnahme von M, jedoch kaum zur Aufnahme von Q bei. Diese übernimmt vorwiegend der Steg, so daß für sie näherungsweise gilt

$$\tau = Q / F_{Steg}.$$

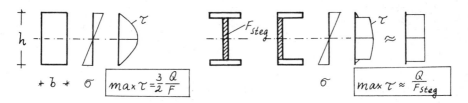

Bild 8.7: Verteilung der Schubspannungen

9. Schnittkraftflächen

9.1. Ableitung

Für die Praxis ist es wichtig, die Größe der Schnittkräfte im gesamten Tragwerk zu kennen und anschaulich darzustellen. Bisher wurden die Schnittkräfte für einen bestimmten Schnitt, z. B. für Schnitt 1 in Bild 5.1, ermittelt. Dies läßt sich für beliebig viele Schnitte wiederholen. Die Darstellung der Schnittkräfte für jeden Punkt des Trägers erfolgt in der Form von <u>Schnittkraftflächen.</u> Dazu werden vorerst die Schnittkräfte für einige Schnitte ermittelt. Diese Werte trägt man im gewünschten Maßstab über einer Bezugsachse, die parallel zur Stabachse gezeichnet wird, auf und verbindet die Punkte. Aus der so konstruierten Schnittkraftfläche lassen sich die Schnittkräfte für alle interessierten Punkte herausmessen. Vor allem erkennt man aus der Fläche die Beanspruchung des Trägers als ganzes, insbesondere Maxima, Nullstellen usw.. Das Verständnis und die Ermittlung der Schnittkraftflächen ist daher eine der wichtigsten Aufgaben innerhalb der Statik.

9. Schnittkraftflächen

Beispiel: Eine Stütze sei nach Bild 9.1 durch 3 Geschoßdecken mit den Kräften P_1, P_2 und P_3 belastet. Das Stützeneigengewicht sei darin enthalten. Die in einzelnen Schnitten ermittelten N-Kräfte werden über einer Bezugsachse, die parallel zur Stabachse gezeichnet wird, aufgetragen. Die N-Fläche vermittelt anschaulich die N-Beanspruchung der Stütze (Modell 6).

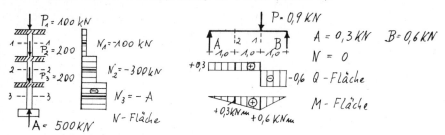

Bild 9.1: Schnittkraftflächen

Ein Balken mit Einzellast in Feldmitte nach Bild 9.1. erhält keine Normalkräfte. (Warum?). Die N-Fläche ist somit Null. Die in einzelnen Schnitten ermittelten M- und Q-Werte werden über die parallel zur Stabachse gezeichnete Bezugsachse aufgetragen. Auch hier vermitteln die Schnittkraftflächen anschaulich die Beanspruchung des gesamten Trägers. Warum wechselt die Q-Fläche in Feldmitte das Vorzeichen? Es sei darauf hingewiesen, daß die Momentenfläche nicht mit der Biegelinie identisch ist!

9.2. Bedeutung der Schnittkraftflächen

Die Schnittkraftflächen vermitteln anschaulich die Beanspruchunq des gesamten Trägers, insbesondere Maxima, Nullstellen usw. Das Verständnis und die Kenntnis der Schnittkraftflächen sind daher Voraussetzung für Gestaltung, Konstruktion und Bemessung von Tragwerken.

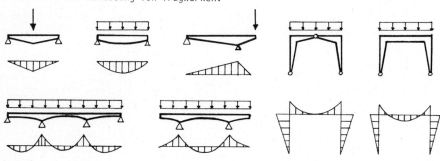

Bild 9.2: Belastung, statisch sinnvolle Form und M-Fläche

9.3. Zusammenhang Belastung-Querkraft-Biegemoment 81

Dem entwerfenden Architekten und Ingenieur geben die Schnittkraftflächen einen wichtigen Anhalt für die Formgebung der Tragelemente. Da im Regelfall die erforderliche Bauhöhe des Elementes von der Größe des Biegemomentes abhängt, gilt die Grundregel: "Die statisch sinnvolle Form eines tragenden Elementes entspricht der Momentenfläche." (Modelle 48 und 126).

9.3. Zusammenhang Belastung -Querkraft-Biegemoment

Zwischen der Belastung eines Trägers durch Streckenlasten q (x) und der Querkraft Q (x) und dem Biegemoment M (x) besteht ein allgemein gültiger Zusammenhang, der sich an einem Träger nach Bild 9.3 ableiten läßt. Schneidet man den Träger in 2 Schnitten, die den sehr kleinen Abstand dx haben, so führen die Gleichgewichtsbedingungen am herausgeschnittenen Element auf die Beziehungen:

$$\frac{dQ(x)}{dx} = -q(x) \quad \text{oder} \quad Q(x) = -\int q(x)\,dx + C_1;$$

$$\frac{dM(x)}{dx} = Q \quad \text{oder} \quad M(x) = \int Q(x)\,dx + C_1 x + C_2$$

$$\text{oder} \quad M(x) = -\iint q(x)\,dx\,dx + C_1 x + C_2$$

$$\text{oder} \quad \frac{d^2 M}{dx^2} = -q(x).$$

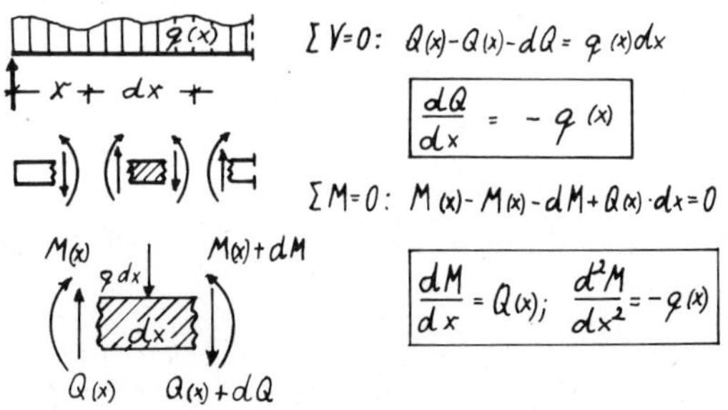

Bild 9.3: Beziehung q - Q - M 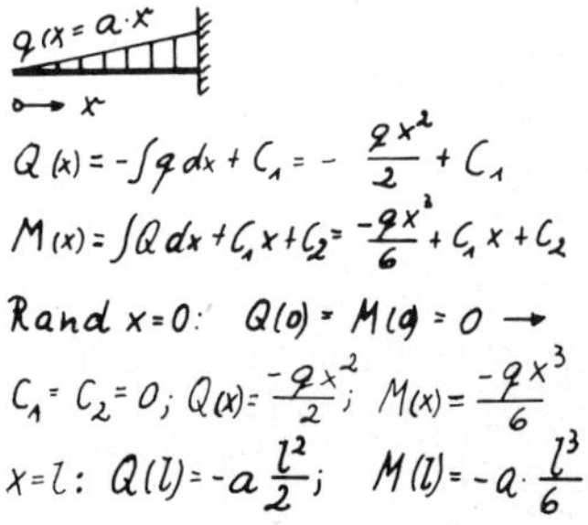   Bild 9.4: Funktion q und M

C_1 und C_2 sind Integrationskonstanten, die aus den Randbedingungen zu bestimmen sind. Die Gleichungen eröffnen die Möglichkeit, die Q- und M-Flächen formal durch Integration der Belastungsfunktion zu gewinnen. Beispiel: Kragträger unter linearer Blastung nach Bild 9.4. Dieser Weg wird hier aber nicht weiter vertieft. Wichtig ist zu behalten, daß die Querkraft die 1. Ableitung des Momentes, die Belastung die 1. Ableitung der Querkraft ist. Hieraus folgt der Charakter der Q- und M-Flächen.

Beispiel: In Bild 9.5 sind mehrere Belastungsarten dargestellt. Ist q = 0 (z. B. zwischen zwei Einzellasten), so ist Q konstant und M linear, da jede Funktion aus der Integration der vorhergehenden entsteht. Entsprechend ergibt eine konstante Belastung eine lineare Querkraftfunktion und parabolische Momentenverteilung. Weiterhin ergibt sich aus den Gleichungen: Das Moment M (x) ist an der Stelle maximal, für die Q = 0 gilt, die Querkraft Q (x) ist maximal an der Stelle q (x) = 0. (Maximum bedeutet Tangentensteigung = 0).

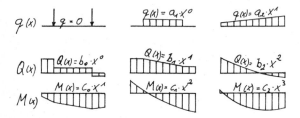

Bild 9.5: Zusammenhang q - Q - M

Beispiel: Ein Einfeldträger mit Kragarm nach Bild 9.6 sei mit einer Gleichstreckenlast q belastet. Die Querkraftfläche ist linear, die Momentenfläche parabolisch begrenzt. Das maximale Moment tritt an der Stelle Q = 0 auf. Der Wert max M ist nach dem Schnittprinzip bestimmbar. Überprüfen!

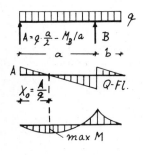

$$Q(x) = A - q \cdot x$$

$$Q(x_0) = 0: \quad A - q \cdot x_0 = 0 \rightarrow x_0 = \frac{A}{q}$$

$$M(x_0) = \max M = A \cdot x_0 - q \cdot \frac{x_0^2}{2} =$$

$$= \frac{A^2}{q} - q \cdot \frac{A^2}{2q^2} = \frac{A^2}{2q}$$

$$\boxed{\max M = \frac{A^2}{2q}}$$

Bild 9.6: max M an der Stelle Q = 0

10. Träger auf zwei Stützen und Kragträger

10.1. Stützweite

Ist ein Träger über Lagerkörper auf einer Unterlage gelagert, so gilt als Stützweite des Trägers der Abstand der Lagerachsen nach Bild 10.1. Meistens liegt jedoch eine vollflächige Auflagerung vor. Unter der Annahme einer konstanten Auflagerpressung liegt die resultierende Lagerkraft in der Mitte der Lagerlänge; die Stützweite ergibt sich so zu b = w + a. Zu beachten ist, daß infolge ungenauer Lagerherstellung oder infolge von Durchbiegungen die resultierende Auflagerkraft ausmittig angreifen kann; vergrößerte Stützweiten L bzw. Kraglängen l_K bei Konsolen sowie erhöhte Kantenpressungen sind die Folge. Insbesondere bei Konsolen sollte darauf stets geachtet werden, da l_K und damit M_K sich hieraus leicht verdoppeln können.

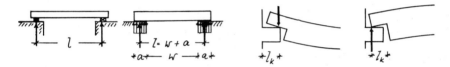

Bild 10.1: Stützweiten von Trägern und Kraglängen von Konsolen

10.2. Gerade Träger

Es interessieren Lagerkräfte und Schnittkraftflächen, da sich daraus die Beanspruchung der Lager und Träger sowie die Konstruktion und statisch sinnvolle Form ergeben. In Bild 10.2 sind Beispiele mehrerer Träger dargestellt. Die Lagerkräfte sind aus den Gleichgewichtsbedingungen, die Schnittkräfte nach dem Schnittprinzip zu bestimmen. Überprüfen und vergleichen Sie die angegebenen Werte und entwerfen Sie statisch sinnvolle Formen.

Beispiel nach Bild 10.2: Träger b/d = 8/16 unter Einzellast P = 1 kN, a = 2 m, b = 3 m, A = 0,6 kN, B = 0,4 kN, max M = 1 · 2 · 3 / 5 = 1,2 kNm; σ = 120 / 341 = 0,35 kN/cm².

Zum besseren Verständnis sei nochmals auf Bild 4.6 hingewiesen, in dem die Entstehung von Streckenlasten dargestellt ist. Einzellasten können z. B. aus Stützen oder Balkenlagern auftreten.

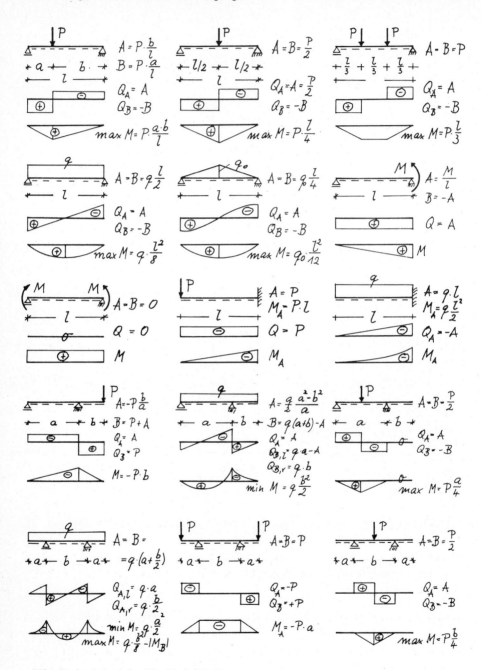

Bild 10.2: Beispiele für Einfeldträger

10.3. Schräge Träger

Weitere übliche Tragelemente sind schräge Träger, z. B. Sparren, Treppen, Leitern usw.. Zu beachten ist die Richtung der Belastung und die Richtung der Lager. Alle Eigengewichte, also auch Dachdeckung und Schnee, wirken vertikal und werden gemäß Bild 10.3 entweder auf 1 m Grundrißprojektion oder auf 1 m wahre Trägerlänge bezogen. Diese Zahlenwerte unterscheiden sich um den Faktor $1/\cos\alpha$. Windkräfte hingegen wirken stets senkrecht zur Dachfläche. Sie werden deshalb auf 1 m wahre Länge bezogen. Vertikale Kräfte können auch in Komponenten dargestellt werden, u. z. erzeugen Komponenten parallel zur Trägerachse N-Kräfte, senkrecht zur Trägerachse Q-Kräfte.

Die Richtung der Lager wird üblicherweise vertikal ausgebildet, um Eigengewichtslasten direkt aufnehmen zu können. Zu diesem Zweck werden z. B. Dachsparren ausgeklinkt, so daß eine horizontale Auflagerfläche nach Bild 10.4 entsteht. Geneigte Lager hingegen erzeugen geneigte Lagerkräfte, die bei Komponentenzerlegung neben einer vertikalen auch eine horizontale Komponente bewirken. (Modelle 29 und 30).

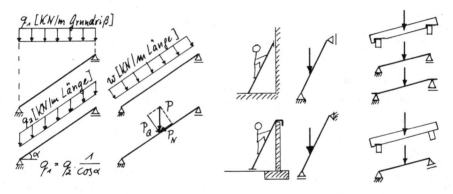

Bild 10.3: Belastung schräger Träger   Bild 10.4: Lagerung schräger Träger

Wirken alle Kräfte, angreifende und Lagerkräfte, in vertikaler Richtung, so kann die M-Fläche durch Grundrißprojektion an einem Ersatzbalken nach Bild 10.5 bestimmt werden. (Warum?)

Bilden Sie um Schnittpunkte das Momentengleichgewicht und tragen Sie die zugehörigen Hebelarme der Kräfte ein! Q- und N-Fläche werden am anschaulichsten so bestimmt, daß alle Kräfte in Komponenten parallel und senkrecht zur Stabachse zerlegt werden.

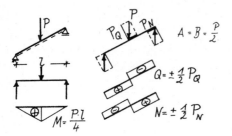

Bild 10.5: Schnittkraftflächen schräger Träger

10.4. Geknickte Träger

Einige Beispiele geknickter Träger sind in Bild 10.6 dargestellt: Treppenläufe, Dachträger, Balkone mit Brüstung, Hallenbinder, Behälter usw..

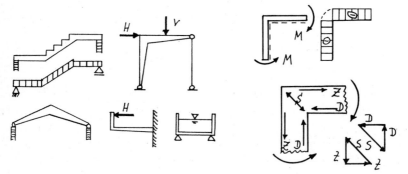

Bild 10.6: Beispiele geknickter Träger   Bild 10.7: Umlenkung des Eckmomentes

Geknickte Träger werden nach den gleichen Regeln (Schnittprinzip und Gleichgewicht) wie gerade Träger behandelt. Zu beachten ist insbesondere, daß Biegemomente nach Bild 10.7 in gleicher Größe um die Ecke geführt werden müssen (Modell 38) und daß bei der Umlenkung der Zug- und Druckkräfte stets diagonale Kräfte S auftreten. Sie müssen bei Betonelementen durch Bewehrungsstahl, bei Stahlträgern durch aussteifende Schotten aufgenommen werden. Bei rechtwinkliger Ecke setzen sich Querkräfte im Riegel als Normalkräfte im Stiel fort; entsprechend werden N-Kräfte im Riegel zu Q-Kräften im Stiel. (Warum?) Überprüfen Sie dies durch Aufstellen von Gleichgewichtsbedingungen.

Einige Beispiele sind in Bild 10.8 gezeigt. Überprüfen Sie die dargestellten
Schnittkraftflächen und Trägerformen. Zu beachten ist, daß die dargestellten
geknickten Träger keine Rahmen im statischen Sinne sind, da ein Lager beweg-
lich ist, so daß der Fußpunkt bei Biegeverformung ausweichen kann.

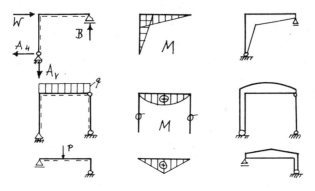

Bild 10.8: Geknickte Träger: M-Flächen und statisch sinnvolle Form

11. Gelenkträger

11.1. Allgemeines

Der Gelenkträger, nach seinem Erfinder auch Gerber-Träger genannt (1867 erst-
mals gebaut), ist ein über mehrere Felder gespannter Träger, der infolge
von Gelenken zusätzliche Freiheitsgrade erhält und dadurch statisch bestimmt
ausgebildet werden kann (Modell 31). Er verbindet die Vorteile des Einfeld-
trägers (einfach berechen- und herstellbar, keine Zwängungen) mit den Vorteilen des Durchlaufträgers (kleinere Feldmomente durch Stützmomente, geringere Verformungen) und hat darüber hinaus den Vorteil, das Verhältnis von Stütz-
und Feldmoment durch geeignete Wahl der Gelenkpunkte beliebig festlegen zu
können. Dies ist insbesondere dann von Bedeutung, wenn die Trägerhöhe nicht
der M-Fläche angepaßt werden kann, also z. B. bei Stahl-Walzprofilen oder
bei Schnittholz. Wegen dieser Vorteile wird er gerne bei allen Arten von
Trägern angewendet, z. B. als Dachpfette, Unterzug, Brücken usw.. Die Ausbildung der Gelenke allerdings ist mit einem gewissen Aufwand verbunden. Ein
Gelenkträger ist statisch bestimmt, wenn die Zahl der Gelenke gleich der Zahl
der statisch überzähligen Lagerreaktionen ist.

11. Gelenkträger

11.2. Schnittkraftflächen

11.2.1. Lösung über Gleichungssystem

Zur Bestimmung der Lagerreaktionen eines statisch bestimmten Gelenkträgers stehen die 3 Gleichgewichtsbedingungen $\Sigma H = \Sigma V = \Sigma M = 0$ für den Gesamtträger sowie die Bedingung, daß in den Gelenken $M_G = 0$ (links oder rechts von Gelenk $\Sigma M = 0$) sein muß, zur Verfügung. Bei n-Lagerreaktionen führt dies auf ein System von n-Gleichungen. Anschließend werden die Schnittkraftflächen mit dem Schnittprinzip bestimmt.

Dieses prinzipiell mögliche Verfahren wird wegen des Rechenaufwandes beim Lösen des Gleichungssystems nicht empfohlen.

11.2.2. Prinzip des Stapelns

Der Gelenkträger wird aus gestapelten Einfeldträgern gebildet, die sich gegenseitig tragen bzw. belasten. Es entstehen so Grundelemente mit Kragarm und darauf gelagerten Einhängefeldern. Die im Gelenk wirkende Querkraft $Q_G = G$ ist für das Einhängefeld eine Lagerkraft und für das Kragarmende Belastung. Die einzelnen Teile sind statisch bestimmte Einfeldträger und können als solche nacheinander, beginnend mit den (belasteten) Einhängefeldern, belastet werden. Dieses Verfahren ist einfach und anschaulich.

Beispiel: Eine hölzerne Gelenkpfette nach Bild 11.1 trage im Feld 2 eine Einzellast P. Das Einhängefeld belastet die Kragarme mit $G_1 = G_2 = P/2$. Die M-Fläche muß in den beiden Gelenken den Wert $M = 0$ haben. M_F und M_B sind hier zufällig betragsgleich und ergeben max σ. Bestimmen Sie selbst Q- und N-Fläche.

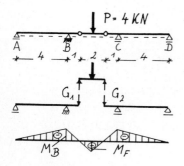

$\phi\ 12/20 \qquad W = 800\ cm^3$

$G_1 = G_2 = 2\ KN$

$M_F = 4 \cdot \frac{2}{4} = 2\ KNm;\quad M_B = -2 \cdot 1 = -2\ KNm$

$max\ \sigma = \pm \frac{200}{800} = \pm 0{,}25\ KN/cm^2$

$A = -2 \cdot \frac{1}{4} = -0{,}5\ KN;\quad B = 2 + 0{,}5 = +2{,}5\ KN$

Bild 11.1: Gelenkträger

11.2.3. Prinzip der Schlußlinie

Die M-Linie kann mit Hilfe der Schlußlinie einfach bestimmt werden. Vorerst wird das System derart geändert, daß die Gelenke über den Lagern liegen. Dieses (falsche) System trägt die Lasten ab. (M_0-Fläche). Der durch die Gelenkverschiebung begangene Fehler wird korrigiert, indem in den (falschen) Gelenken Momente angreifen. Die hieraus entstehende M_1-Fläche verläuft zwischen den Lagern geradlinig. Der Charakter der M_1-Fläche ist dadurch bekannt, nicht jedoch ihre Größe. Diese wird dadurch bestimmt, daß die Addition von $M_0 + M_1$ graphisch durch Ineinanderzeichnen derart erfolgt, daß die Momente in den Gelenken Null sind. Die eingezeichnete M_1-Linie nennt man Schlußlinie.

<u>Beispiel:</u> Gelenkträger nach Bild 11.2. Überprüfen Sie das Ergebnis über das Prinzip des Stapelns und bestimmen Sie Q- und N-Fläche.

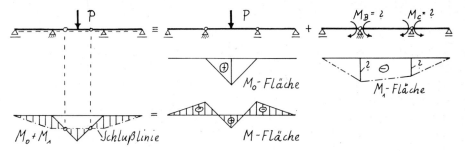

Bild 11.2: Prinzip der Schlußlinie

11.3. Konstruktive Gesichtspunkte

11.3.1. Gelenkfelder

In welchen Feldern sollen die Gelenke angeordnet werden? Grundsätzlich sind die Gelenke so anzuordnen, daß beim Versagen eines Trägerteiles möglichst wenig andere Teile ihre Standsicherheit verlieren. So ist z. B. in Bild 11.3 die Ausführung b) der Anordnung a) vorzuziehen. Dieses Prinzip hat darüber hinaus den Vorteil, daß sich Verformungen infolge Belastungen eines Feldes auf möglichst wenig andere Felder auswirkt. Überlegen Sie günstige Gelenkanordnungen für n-Feld-Träger.

Dieses <u>Prinzip,</u> nämlich das Tragwerk so auszubilden, daß bei Versagen eines Teiles möglichst wenig andere Teile in Mitleidenschaft gezogen werden, bzw.

11. Gelenkträger

daß die Belastung und Verformung eines Teiles sich auf möglichst wenig andere Teile überträgt, gilt nicht nur bei Gelenkträgern, sondern generell für Tragwerke und sollte insbesondere bei Abfangungen beachtet werden.

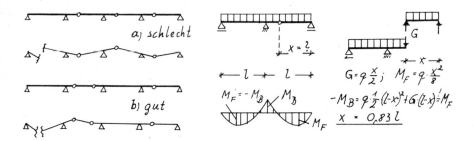

Bild 11.3: Anordnung der Gelenke   Bild 11.4: Gelenkträger für $M_F = |M_B|$

11.3.2. Lage der Gelenke

Da bei Walzträgern aus Stahl und Trägern aus Schnittholz die Querschnitte über die gesamte Trägerlänge konstant sind oder weil aus gestalterischen Gründen konstante Trägerhöhe gewünscht ist, kann die Trägerform nicht der M-Fläche angepaßt werden, vielmehr muß sich die M-Fläche der vorgegebenen Trägerform anpassen. Dies bedeutet, daß die maximalen Feld- und Stützmomente betragsmäßig gleichgroß sein müssen. Aus dieser Forderung läßt sich die Lage der Gelenke innerhalb der Felder bestimmen.

Beispiel: Um den Walzträger nach Bild 11.4 wirtschaftlich zu nutzen, soll das Gelenk so angeordnet werden, daß $M_F = |M_B|$. Überprüfen Sie das Ergebnis mit Hilfe der Schlußlinie.

Beispiel: Im Dreifeldträger nach Bild 11.5 sollen die Gelenke so angeordnet werden, daß $M_F = |M_B|$. Dies ist gegeben, wenn die Schlußlinie so gelegt wird, daß M_0 halbiert wird. x ergibt sich graphisch.

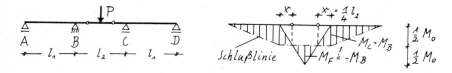

Bild 11.5: Gelenkträger

11.3.3. Ausbildung der Gelenke

In den seltensten Fällen werden Gelenke in idealer Form als M-freie Scharniere ausgeführt. Da die Drehwinkel meist nur klein sind, genügt i. A. eine angenäherte Gelenkausbildung. Einige Prinzipien sind in Bild 11.6 dargestellt.

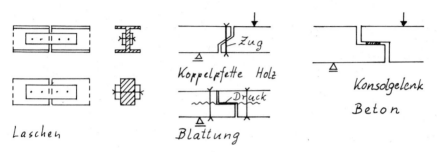

Bild 11.6: Gelenkausbildung

Laschen aus Stahl oder Holz wirken wegen ihres geringen Querschnittes wie eine Einschnürung und biegeweich. Bei Koppelpfetten wird das Einhängefeld mit Schraubbolzen aufgehängt, um die Spaltwirkung auszuschließen, die bei umgekehrter Neigung der Fuge und Drucklagerung auftreten könnte. Wird dennoch Drucklagerung bevorzugt, ist der Spaltwirkung durch Schraubbolzen entgegenzuwirken. Bei Stahlbetonträgern werden die Gelenke durch Konsolen auf Gummilagern, die Drehbewegungen ermöglichen, verwirklicht.

11.3.4. Gestaltung

Auch hier gilt das Prinzip, daß die statisch sinnvolle Form der M-Fläche entspricht. Für $M_{St} > M_F$ wird der Querschnitt über der Stütze angevoutet, und umgekehrt. Beispiele siehe Bild 11.7. Zusätzlich zu beachten ist, daß die Gelenk-Konstruktion eine Mindestbauhöhe erfordert. Bei der im Stahlbetonbau z. B. üblichen Gelenkausbildung durch Konsolen wird der Querschnitt halbiert, wobei die Hälfte noch in der Lage sein muß, Q und M im Anschnitt der Konsolen aufzunehmen.

In den meisten Fällen jedoch wird die Lage der Gelenke so gewählt, daß $M_F \sim |M_{St}|$, so daß Träger mit konstanter Bauhöhe sinnvoll sind. Diese Ausbildung wird insbesondere dort angestrebt, wo sich parallelgurtige Träger aus dem Herstellungsvorgang zwangsläufig ergeben, also bei Walzträgern aus Stahl oder Trägern aus Schnittholz.

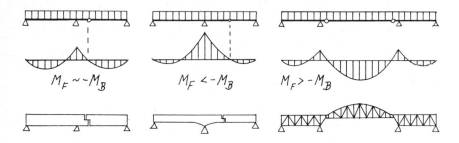

Bild 11.7: Formgebung der Gelenkträger nach der M-Fläche

12. Statisch bestimmte Rahmen

12.1. Allgemeines

Unter einem Rahmen im statischen Sinn versteht man einen geknickten Träger, dessen Fußpunkte Horizontalkräfte aufnehmen können, durch die die Feldmomente im Riegel entlastet werden. Voraussetzung dafür sind biegesteife Rahmenecken (Bild 12.1).

Bild 12.1: Geknickter Träger und Rahmen

Ein Rahmen im geometrischen Sinn, also ein geknickter Träger, erhält erst durch den Horizontalschub die im statischen Sinn verstandene Rahmentragwirkung. Die Form des Rahmens ist meistens durch die Aufgabenstellung vorgegeben: Die Konstruktion soll nicht nur eine Spannweite überwinden, sondern gleichzeitig

auch Höhe bilden, sie soll ein "Lichtraumprofil" umschließen. Typische
<u>Beispiele</u> sind Hallen, Skelettkonstruktionen, Brücken über Straßen, Eisenbahnen oder Flüsse, die selbst einen Lichtraum erfordern (Bild 12.2).

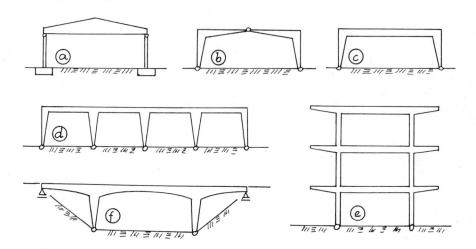

Bild 12.2: Hallen als a) Trägerkonstruktion   b) Dreigelenkrahmen
                            c) Zweigelenkrahmen   d) Rahmenkette
                            e) Stockwerkrahmen   f) Brücke als Zweigelenkrahmen mit Seitenfeldern

Besonders zu beachten ist, daß Rahmen horizontale Kräfte, z. B. Windkräfte, auch dann aufnehmen können, wenn sie am Stützenfuß nicht eingespannt, sondern gelenkig gelagert sind. Anstelle des Einspannmomentes am Stützenfuß tritt die Einspannung der Stütze im Riegel. Die biegesteife Ausbildung der Ecke ist auch aus diesem Grund erforderlich.

Einfeldrige Rahmen werden meistens in der Form des statisch bestimmten 3-Gelenk-Rahmens ausgebildet, da eine Einspannung am Fußpunkt keine wesentlichen statischen Vorteile bringt, andererseits bei Temperatur- und Schwindverformungen zu Zwängungsbeanspruchung führen kann. (Bild 12.10).

12.2. Schnittkraftflächen

12.2.1. Dreigelenkrahmen mit gleichhohen Stielen

Die Schnittkräfte sind nach dem bisher beschriebenen Verfahren zu ermitteln: Vorerst ist das Gleichgewicht der äußeren Kräfte herzustellen, indem die Lagerreaktionen bestimmt werden. Zu den 3 Gleichgewichtsbedingungen

$$\Sigma H = \Sigma V = \Sigma M_A = 0$$

tritt als weitere Bedingung $\Sigma M_G = 0$; d. h. das Drehmoment einer Rahmenhälfte um das Riegelgelenk muß Null sein, da das Gelenk definitionsgemäß kein Moment aufnehmen kann. Danach werden in mehreren interessierenden Punkten die Schnittkräfte nach dem Schnittprinzip bestimmt, so daß die Schnittkraftflächen gezeichnet werden können.

Achtung: Die 3 Gleichgewichtsbedingungen für H, V und M gelten für das Gesamtsystem, also ohne Berücksichtigung des Gelenkes. Die 4. Bedingung $\Sigma M_G = 0$ um das Gelenk gilt hingegen nur für eine Rahmenhälfte.
Überlegen Sie, woher dieser Unterschied stammt!
Natürlich muß auch die andere Rahmenhälfte $\Sigma M_G = 0$ im Gelenk ergeben, jedoch ist diese 5. Bedingung automatisch erfüllt, wenn die anderen 4 Bedingungen eingehalten sind, so daß sie zur Kontrolle dienen kann.

Beispiel: Hallenrahmen nach Bild 12.3, z. B. als Bretterbinder. Im Lastfall q bewirkt der Horizontalschub $A_H = B_H = H$ eine Einspannung des Riegels in den Stielen derart, daß M im Gelenk Null ist und das Feldmoment kleiner als beim beidseits aufliegenden Balken wird. Dafür muß in den Ecken das Stützmoment $M = H \cdot h$ aufnehmbar sein. Die Horizontalkraft W kann aufgenommen werden, obwohl keine Fußeinspannung vorhanden ist; an ihrer Stelle tritt die Einspannung der Stiele in den Riegel. Überprüfen Sie die angegebenen Werte und untersuchen Sie den Sonderfall, daß das Gelenk in Riegelmitte angeordnet ist. Wie wäre in diesem Fall die statisch sinnvolle Form?

Das Prinzip der Schlußlinie, das zur Erfassung des Gelenkträgers erläutert wurde, ist auch hier anwendbar. Vorerst werden die Kräfte über ein anderes System, z. B. über den geknickten Träger ohne Horizontalschub abgetragen. Danach wird der Fehler korrigiert, indem die Schlußlinie, die der M-Fläche aus dem H-Schub entspricht, so eingetragen wird, daß im Gelenk M = 0 gilt. Die endgültige M-Fläche ergibt sich aus der graphischen Addition bzw. Subtraktion der beiden Flächen M_0 und M_H gemäß Bild 12.3.

12.2. Schnittkraftflächen

Zu beachten ist weiterhin, daß in den Eckpunkten $Q_{Riegel} = N_{Stiel}$ und umgekehrt gilt, sofern in dieserm Punkt die Rahmenachse um 90° geknickt ist. Das Stielmoment geht in voller Größe "um die Ecke" und bildet das Einspannmoment des Riegels.

(Wie verhalten sich die Werte im Eckpunkt, wenn die Rahmenachse nicht rechtwinklig geknickt ist? Zeichnen Sie das Krafteck für die Eckbeanspruchung.) (Modell 38)

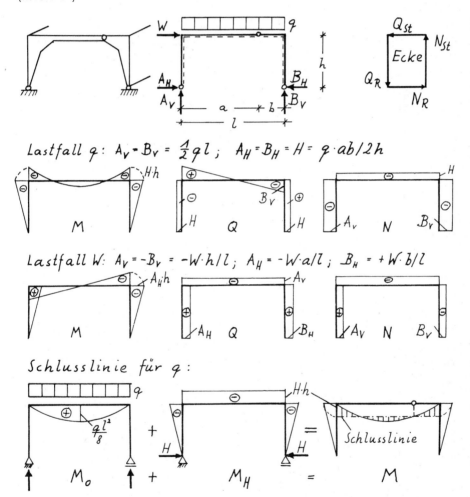

Bild 12.3: Dreigelenkrahmen analytisch und mit Schlußlinie

12. Statisch bestimmte Rahmen

Ist nur eine Seite eines Rahmens belastet, muß die resultierende Lagerkraft der anderen Seite durch das Riegelgelenk verlaufen, da nur so im Gelenk M = 0 gilt. Die Momentenfläche ergibt sich unmittelbar aus dem senkrecht zur Kraftwirkungslinie gemessenen Abstand zum Rahmen (Bild 12.4). Beim Kraftangriff im Scheitelgelenk verlaufen beide Wirkungslinien durch das Gelenk. Hätte der Rahmen die Form dieser Wirkungslinien, würde er zum Dreieck entarten. Die M-Fläche wäre Null, da in keinem Schnitt eine Exzentrizität auftritt und die Komponenten von P nur über N ins Auflager abgeleitet werden können. Auf diese Form, die Stützlinie genannt wird, soll im Zusammenhang mit den Bögen noch ausführlicher eingegangen werden. (Modell 36, Bild 12.11).

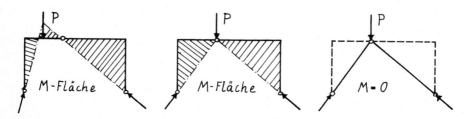

Bild 12.4: M-Fläche als Abstand von der Kraftwirkungslinie

12.2.2. Dreigelenkrahmen mit ungleichen Stielen

Ungleiche Stiellängen nach Bild 12.5 können dann erforderlich werden, wenn das Gelände geneigt ist, also z. B. bei Hangbebauung, Lawinenverbau u. ä.

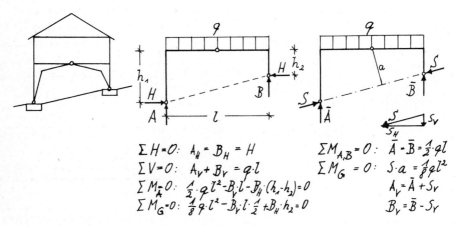

$\Sigma H = 0: \quad A_H = B_H = H$

$\Sigma V = 0: \quad A_V + B_V = q \cdot l$

$\Sigma M_A = 0: \quad \frac{1}{2} \cdot q \cdot l^2 - B_V \cdot l - B_H \cdot (h_1 - h_2) = 0$

$\Sigma M_G = 0: \quad \frac{1}{8} q \cdot l^2 - B_V \cdot l \cdot \frac{1}{2} + B_H \cdot h_2 = 0$

$\Sigma M_{A,B} = 0: \quad \bar{A} = \bar{B} = \frac{1}{2} q l$

$\Sigma M_G = 0: \quad S \cdot a = \frac{1}{8} q l^2$

$A_V = \bar{A} + S_V$

$B_V = \bar{B} - S_V$

Bild 12.5: Unsymmetrischer Dreigelenkrahmen am Hang

12.3. Konstruktive Gesichtspunkte

Die Auflagerkräfte können auf 2 Arten ermittelt werden: Entweder werden die Lagerreaktionen in vertikaler und horizontaler Richtung angesetzt, dann geht die horizontale Komponente A_H bzw. B_H in die Bedingung $\Sigma M_A = 0$ ein. Oder man ersetzt den Horizontalschub durch geneigte Kräfte S, die durch beide Fußpunkte laufen; dann wirkt S bei $M_G = 0$ mit dem senkrecht zur Wirkungslinie gemessenen Hebelarm a.

Beispiel: Rahmen nach Bild 12.5. Es ist darauf zu achten, daß S sowohl eine horizontale als auch eine vertikale Komponente enthält, die beim Ermitteln der orthogonalen Komponenten der Lagerreaktionen mit $\overline{A}$ und $\overline{B}$ zu überlagern sind.

Die Schnittkraftflächen ergeben sich wieder nach dem Schnittprinzip.

12.3. Konstruktive Gesichtspunkte

12.3.1. Riegel- und Fußgelenke

Da die Windbeanspruchung und damit die Querkraft im Riegelgelenk in beiden Richtungen wirken können, ist die Gelenkausbildung über Konsolen wie beim Gelenkträger i. A. nicht möglich. Außerdem muß das Gelenk die N-Kräfte des Riegels übertragen. Bei gering belasteten Systemen wird das Gelenk durch Laschen näherungsweise ausgebildet; bei hoch beanspruchten Konstruktionen ist eine Lagerkonstruktion aus Stahl üblich, die N und Q aufnimmt und einen Drehwinkel ermöglicht (Bild 12.6).

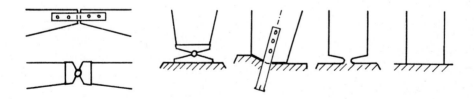

Bild 12.6: Ausbildung von Riegel- und Fußgelenken

Auch die Fußgelenke können entweder näherungsweise oder über Stahllager dar-

12. Statisch bestimmte Rahmen

gestellt werden. Bei Betonkonstruktionen ist die Ausbildung von Betongelenken möglich, wenn die Drehwinkel klein sind. Bei gering beanspruchten Konstruktionen des Hochbaues wird das Gelenk gelegentlich zwar rechnerisch angenommen, jedoch nicht verwirklicht. In diesem Fall verläßt man sich auf eine gewisse unschädliche Drehmöglichkeit von Fundament und Stützenfuß sowie darauf, daß eine rechnerisch nicht erfaßte Einspannung des Fußgelenkes nicht von Nachteil ist. Die früher üblichen Bleilager haben sich nicht bewährt, da sie sich bei wiederholten Drehbewegungen des Stützenfußes auswalken und dadurch nach einer gewissen Zeit unwirksam werden können.

12.3.2. Lage der Riegelgelenke und Gestaltung

Über die Lage des Riegelgelenkes kann das Verhältnis von Stütz- zu Feldmoment und damit die erforderliche Bauhöhe in den Ecken sowie im Feld beeinflußt werden (Bild 12.7). Bevorzugt wird i. d. R. das Gelenk in Riegelmitte, und zwar nicht nur wegen der optisch ansprechenden Symmetrie, sondern vor allem deshalb, weil dadurch der Querschnitt im Feld klein gehalten werden kann und so durch sein geringes Eigengewicht nur wenig Momente erzeugt. Das grössere Riegelgewicht in der Nähe der Stütze erzeugt wegen des kleineren Hebelarmes zum Lager geringere Momente (Modell 48, Bild 14.16).

Im übrigen paßt sich die statisch sinnvolle Form auch hier der M-Fläche an. Aus Gründen der Herstellung kann es jedoch bei Rahmen mit kleinen Stützweiten wirtschaftlicher sein, Riegel und Stiele parallelgurtig auszuführen, wenn der Mehrbedarf an Material durch die vereinfachte Herstellung ausgeglichen wird.

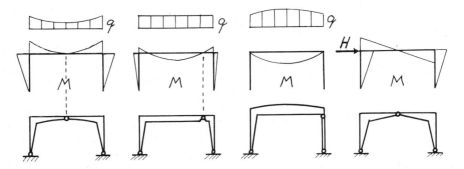

Bild 12.7: Statisch sinnvolle Form bei verschiedener Gelenklage und Belastung

12.3.3. Einfluß der Herstellung

Den statischen Vorteilen des Rahmens stehen Nachteile der Herstellung gegenüber. Sowohl die Gelenke als auch die biegesteifen Rahmenecken stellen besonders aufwendige Punkte dar. Im Fertigteilbau ist sowohl der Transport als auch die Montage größerer vorgefertigter Rahmen aufwendig und deshalb nicht sinnvoll. Aus diesem Grund hat hier ein Trägersystem nach Bild 12.2.a den Rahmen verdrängt. Es ist einfacher, zwei eingespannte Stützen als einen Rahmen herzustellen. Der Mehrbedarf an Material ist bei den heute üblichen Stützweiten weniger aufwendig als die Einsparung an Montagekosten.

Im Holzbau sind Rahmen als Nagel- oder Dübelkonstruktionen (Bild 12.8) seit langem allgemein üblich, da die Herstellung einer unten eingespannten, genügend steifen Holzstütze Schwierigkeiten bereitet. Der Fortschritt der Leimbauweise hat neue Anwendungsgebiete geschaffen, indem das Verleimen dünner Lamellen sowohl die Herstellung ausgerundeter Rahmenecken als auch die materialsparende Anpassung der Querschnitte an die M-Fläche ermöglicht. Im Stahlbau wird die Rahmenecke mittels Schweißverbindung oder durch aufgeschraubte Laschen hergestellt. Die Umlenkung der Zug- und Druckkräfte erfordert bei Walzprofilen diagonale Aussteifung der Ecken, die in ihrer Wirkung den Diagonalstäben einer Fachwerkkonstruktion entsprechen (Bild 12.9).

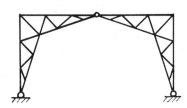
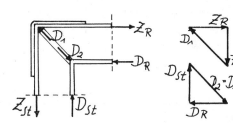

Bild 12.8: Rahmen als Fachwerk   Bild 12.9: Rahmenecke mit diagonaler Aussteifung

Überlegen Sie die statisch sinnvolle Form bei anderen geometrischen Verhältnissen und Lasten.

12. Statisch bestimmte Rahmen / 13. Bogen, Stützlinie und Hängeseil

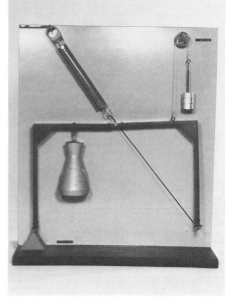

Bild 12.11:
Einseitig belasteter Dreigelenk-Rahmen:
Resultierende Auflagerkraft verläuft
durch das Scheitelgelenk (Modell 36)

Bild 12.10:
Geknickter Träger, Zweigelenk-Rahmen,
Dreigelenk-Rahmen (Modelle 34 und 35)

13. Bogen, Stützlinie und Hängeseil

13.1. Allgemeines

Ein kontinuierlich gekrümmter Träger auf zwei Stützen erhält seine statische Bogentragwirkung dadurch, daß die beiden Fußpunkte auch horizontal unverschieblich gelagert sind (Bild 13.1). Im Gegensatz zum geraden Träger, der quer zur Achse wirksame Kräfte nur über Q und M abtragen kann, dienen beim Bogen auch Normalkräfte N zur Lastabtragung. Im Sonderfall des Stützlinienbogens, also bei einer bestimmten, von der Belastung abhängigen Bogenform, erfolgt die Lastabtragung sogar ausschließlich über N, während Q und M Null sind. Voraussetzung dafür ist stets die Aufnahme des Horizontalschubs H in den Lagern. Ähnlich wie beim Rahmen verringert er das Feldmoment im Bogen.

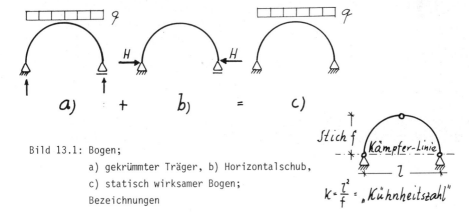

Bild 13.1: Bogen;
a) gekrümmter Träger, b) Horizontalschub,
c) statisch wirksamer Bogen;
Bezeichnungen

Ein gekrümmter Träger ohne Horizontalschub hat diesen Vorteil nicht, da er seitlich ausweicht. (Modell 40).

In früheren Zeiten standen keine Baustoffe zur Verfügung, die Zug- und Druckspannungen gleichermaßen übernehmen konnten. Mauerwerk aus Stein oder Ziegel ist zwar druck-, aber nicht zugfest. Es ist daher nicht in der Lage, als reiner Biegebalken Lasten zu übertragen. Nur die Bogenform ermöglichte durch die Lastabtragung über N die Ausbildung massiver Überdachungen. So ist die überragende Bedeutung der Bogen- und Gewölbekonstruktionen, die in der Romanik und Gotik zu höchster Vollendung kamen, zu verstehen. Bogen wurden geradezu zum Symbol für Tragfähigkeit.

13. Bogen, Stützlinie und Hängeseil

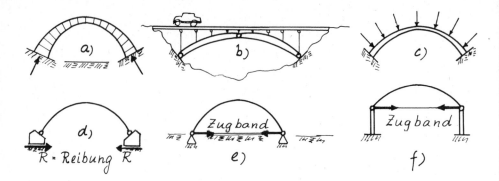

Bild 13.2: Bogenkonstruktion; a) Gewölbe, b) aufgeständerte Bogenbrücke,
c) Bogenstaumauer unter Wasserdruck; Bogenhallen mit Aufnahme des
Horizontalschubs durch d) Reibung, e) unten liegendes Zugband,
f) oben liegendes Zugband

Je flacher ein Bogen ist, umso gewagter erscheint er. Gelegentlich wird dies durch die "Kühnheitszahl" $k = l^2/f$ ausgedrückt, die ein Maß für den Horizontalschub H bzw. für die Normalkraft N im Scheitelgelenk ist. (Vgl. $H = \frac{ql^2}{8f}$ bei Gleichstreckenlast.)

Seit der Verwendung der zug- und druckfesten Baustoffe Stahl und Stahlbeton ist diese ausschließliche Bedeutung der Bogenform nicht mehr gegeben. Dennoch wird der Bogen oder eine bogenähnliche Form auch heute noch gerne angewendet, da die Lastabtragung über N stets wirtschaftlicher als über Q und M ist. Der Horizontalschub wird i. A. über Reibung in den Boden geleitet. Handelt es sich um einen schlechten Baugrund und besteht die Gefahr, daß die Widerlager ausweichen, so wird ein Zugband angeordnet, das die beiden Fußpunkte verbindet und den H-Schub aufnimmt.

13.2. Schnittkraftflächen des Dreigelenkbogens

Die Schnittkräfte sind nach dem gleichen Prinzip wie beim Rahmen zu bestimmen: Vorerst wird das Gleichgewicht der äußeren Kräfte hergestellt. Zur Bestimmung der 4 Lagerkräfte dienen die Gleichgewichtsbedingungen $\Sigma H = \Sigma V = \Sigma M = 0$ sowie die Bedingung, daß das Gelenk G kein Moment aufnimmt, also $M_G = 0$. Anschließend sind die Schnittkräfte in den interessierenden Punkten nach dem Schnittprinzip zu ermitteln.

13.2. Schnittkraftflächen des Dreigelenkbogens

Die Berechnung von Bögen wird dadurch etwas umständlich, daß sich die Bogenachse <u>kontinuierlich</u> ändert, daß also auch die Richtung von N und Q von Punkt zu Punkt wechselt.

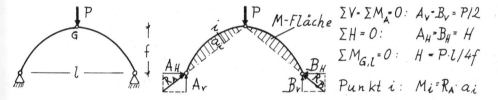

Bild 13.3: Dreigelenkbogen unter Einzellast

<u>Beispiel:</u> Symmetrischer Bogen nach Bild 13.3 unter Einzellast P im Scheitelgelenk. Da auf den Bogenhälften keine äußeren Lasten wirken, müssen die Lagerresultierenden R_A und R_B durch das Gelenk G verlaufen. Der senkrecht zur Wirkungslinie gemessene Abstand des Bogens a_i ergibt das Biegemoment

$$M_i = a_i \cdot R.$$

Die Zerlegung der resultierenden Kraft im Punkt i in die beiden Komponenten parallel und senkrecht zur Bogenachse ergibt N und Q im Punkt i.

Ist ein Bogen nur durch <u>vertikale</u> Lasten belastet, so läßt sich das System in den Grundriß projizieren. Ein Biegeträger müßte im Punkt G (im Gelenkpunkt des Bogens) das Moment unter P in Feldmitte

$$\overline{M}_G = \frac{Pl}{4}$$

aufnehmen können. Da beim Bogen im Gelenk $M_G = 0$ sein muß, stellt der H-Schub das Gleichgewicht her: $\overline{M}_G = H \cdot f$. Hieraus folgt $H = \overline{M}_G / f$. Für Gleichstreckenlast q gilt entsprechend $\overline{M}_G = q \cdot l^2/8$ und $H = \overline{M}_G / f$.

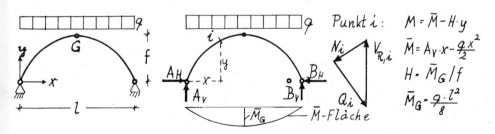

Bild 13.4: Dreigelenkbogen unter Gleichstreckenlast

104 13. Bogen, Stützlinie und Hängeseil

Beispiel: Bogen unter Gleichstreckenlast nach Bild 13.4. Aus Gründen der Symmetrie ist $A_V = B_V = ql/2$. H ergibt sich aus der Bedingung M = 0 im Scheitelgelenk zu $H = ql^2/8f$. Das Biegemoment M im Bogen folgt aus dem Schnittprinzip $M = \overline{M} - H \cdot y$, wobei $\overline{M}$ die M-Fläche der vertikalen Lasten ist. Gleichfalls nach dem Schnittprinzip ergibt sich N und Q, indem die Resultierende der am abgeschnittenen Teil wirkenden Lasten, hier $V_R = A - q \cdot x$, in Komponenten in Richtung der Bogenachse und senkrecht dazu zerlegt wird.

Man beachte den Sonderfall des Stützlinienbogens: Für $H \cdot y = \overline{M}$ wird M = 0 im gesamten Bogen. Ist also y, d. h. die Bogenform, affin zu $\overline{M}$, so ist der Bogen momentenfrei, die Last wird nur über N abgetragen.

13.3. Stützlinie

Die Stützlinie ist diejenige Kurve, nach der ein Tragwerk geformt sein muß, damit die Lasten ohne Biegemoment, also nur über N abgetragen werden. Sie ergibt sich graphisch als Polygonzug aus den Wirkungslinien der Teilresultierenden, da nur dort die Exzentrizität der Teilresultierenden Null ist. Greifen nur vertikale Kräfte an, läßt sich die Stützlinie rechnerisch aus der bereits oben verwendeten Gleichung $M = \overline{M} - H \cdot y$ ermitteln, wobei $\overline{M}$ die M-Fläche der äußeren vertikalen Lasten bezeichnet. Sie wird verringert um das Moment aus dem Horizontalschub H, der mit dem Hebelarm y wirkt (siehe Bild 13.4). Für den Sonderfall M = 0 gilt $\overline{M} = H \cdot y$; hieraus folgt die Gleichung der Stützlinie $y = \overline{M}/H$. Die Stützlinie ist also affin zur $\overline{M}$-Fläche der vertikalen Lasten; der Proportionalitätsfaktor ist $1/H$. Für ein bestimmtes Lastbild gibt es somit unendlich viele Stützlinien, die aber alle affin zu $\overline{M}$ sind. Durch die Wahl einer Stützlinie hieraus, d. h. durch Festlegen des Stiches f, ist gleichzeitig auch der Horizontalschub H festgelegt. Umgekehrt gilt für ein bestimmtes H nur eine einzige Stützlinie. Jede Stützlinie gilt stets nur für ein bestimmtes Lastbild, da sie sonst nicht mehr affin zu $\overline{M}$ wäre. (Modell 41, Bild 13.18).

In Bild 13.5 sind die Stützlinien für einige übliche Lastbilder dargestellt. Für Einzellasten sind sie stets Polygonzüge (warum?), die sich immer stärker dem Bogen annähern, je mehr Einzellasten angreifen. Im Bereich kontinuierlich verteilter Lasten geht auch die Stützlinie in einen kontinuierlich gekrümmten Bogen über. Für Gleichstreckenlast hat sie die Form einer quadratischen Parabel. (Modell 42, Bild 13.15).

13.3. Stützlinie

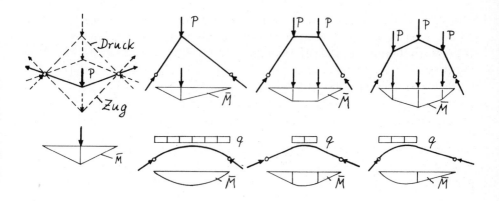

Bild 13.5: Stützlinien für verschiedene Lastbilder

Jede Abweichung der Konstruktion von der Stützlinie erzeugt Biegung, vgl. Bild 13.3. Der senkrecht zur Kraftwirkungslinie gemessene Abstand zwischen Stützlinie und Tragwerk ist der Hebelarm, mit dem die Teilresultierende wirkt, also $M_i = a_i \cdot R_A$. Die schraffierte Fläche zwischen Bogen und Stützlinie kann daher als M-Fläche aufgefaßt werden.

Da die Stützlinienform immer nur für ein einziges Lastbild gilt, bringen Zusatzlasten stets Momente mit sich. Aus diesem Grund ist eine Stützlinienform vor allem dann geeignet, wenn die ständig wirkende Last (Eigengewicht) überwiegt und die Verkehrslast, die mit anderem Lastbild wirken kann, nur geringen Einfluß hat. Bei <u>nicht zugfesten</u> Materialien (Mauerwerk, unbewehrter Beton) muß die Stützlinie aller möglichen Lastfälle stets durch den Querschnitt, besser durch den Kern des Querschnitts verlaufen. Nur so kann die Biegezugkraft durch die Normalkraft überdrückt werden.

Als besondere <u>Gefahr</u> ist dabei anzusehen, daß der Druckbogen einer einseitigen Belastung ausweicht, u. z. mit einer Tendenz, die der eigentlich erforderlichen neuen Stützlinie entgegengesetzt ist (Bild 13.6). Die Verformung begünstigt also die Instabilität. In dieser Hinsicht verhält sich der Bogen ungünstiger als das Hängeseil, das sich stets zur stabilen Lage hin verformt. (Modell 44, Bild 13.16).

Aus diesem Grund (aber auch aus anderen Gründen, z. B. wegen der Knickgefahr) ist stets eine gewisse Biegesteifigkeit auch bei Stützlinienbögen erforderlich.

13. Bogen, Stützlinie und Hängeseil

Beim Entwurf von Tragwerken besteht die Aufgabe meistens darin, für eine gegebene Belastung die Form der Stützlinie bzw. des Tragwerkes zu finden. Seltener ist für eine gewünschte Stützlinienform das zugehörige Lastbild zu bestimmen. Die erforderlichen Lasten sind dann durch Ballast aufzubringen. Bei der Nachrechnung <u>bestehender</u> Bauwerke sind die vorhandenen Lasten bekannt. In solchen Fällen besteht die Aufgabe darin, eine Stützlinie zu finden, die überall innerhalb der Querschnittskerne verläuft, da nur so die Standsicherheit nachgewiesen werden kann.

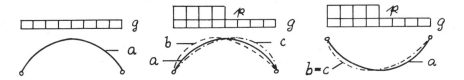

Bild 13.6: Unsymmetrische Zusatzlast auf Bogen und Hängeseil
       a) Stützlinie für g; b) Stützlinie für g + p;
       c) Verformung unter g + p

13.4. Seillinie

Das Seil ist ein biegeweiches Tragelement, das nur Zugkräfte aufnehmen kann. Seine Form ist daher nicht, wie beim Bogen, festgelegt, sondern stellt sich je nach Lastbild als Stützlinie (M = 0) ein. Die Seillinie ist daher stets affin zur $\overline{M}$-Fläche, u. z. als umgeklappte Form des Stützlinienbogens. (Modell 45, Bild 13.17).

<u>Beispiele</u> siehe Bilder 13.5 und 13.6. Unsymmetrische Zusatzlasten, z. B. Wind oder halbseitiger Schnee auf einem Hängedach, bringen deshalb vertikale und horizontale Verformungen mit sich, die nicht vernachlässigbar sind. Werden sie behindert, entstehen Zwängungsspannungen in der Konstruktion. Diejenige Form, die ein Seil oder eine Kette unter Eigengewicht einnimmt, nennt man die Seillinie oder Kettenlinie. Das Lastbild ist dadurch gekennzeichnet, daß das Eigengewicht pro Längeneinheit des Seiles konstant ist; bezogen auf den Grundriß ist also die Last nicht konstant, nimmt vielmehr gegen das Auflager hin zu, da wegen des Tangentendrehwinkels α 1 m Seillänge eine geringere Grundrißprojektion aufweist (Bild 13.7).

13.5. Konstruktive Gesichtspunkte

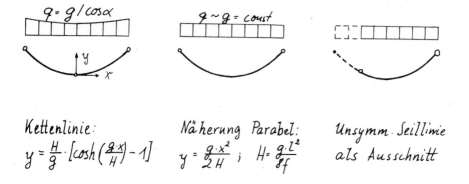

Bild 13.7: Kettenlinie oder Seillinie

Die Bedingung M = 0 für jeden Punkt liefert die Gleichung der Kettenlinie. Im Bauwesen werden Seillinien i. A. mit relativ geringem Stich f verwendet, z. B. für Hängedächer. In diesem Fall, in dem also auch der Winkel α klein ist, gilt $q \sim g$ = const, da $\cos\alpha \sim 1$; damit wird die Kettenlinie näherungsweise zur quadratischen Parabel, die sich rechnerisch leichter behandeln läßt. Seillinien mit ungleich hohen Lagern lassen sich beliebig aus symmetrischen Seillinien herausschneiden.

13.5. Konstruktive Gesichtspunkte

13.5.1 Gelenke

Für die Fuß- und Scheitelgelenke von Bögen gilt das gleiche wie für die Gelenke von Rahmen. Bei Zugkonstruktionen (Hängedächer) ist das Seil i. d. R. so biegeweich, daß auf die Ausbildung ausgesprochener Gelenke meistens verzichtet werden kann. Zum Ausgleich dafür wird der Übergang von Ankerkonstruktion zu Seil nicht abrupt, sondern kontinuierlich ausgebildet, um bei Drehwinkeln (z. B. infolge Wind und einseitigem Schnee) keinen Knick, sondern einen glatten Übergang zu erhalten (Bild 13.8).

108 13. Bogen, Stützlinie und Hängeseil

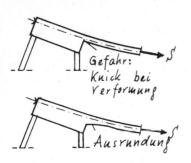
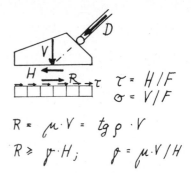

Bild 13.8: Seilverankerung bei Hängedächern

Bild 13.9: Aufnahme des Horizontalschubs durch Reibung

13.5.2. Aufnahme der Horizontalkraft

Der Horizontalschub von Bögen wird i. A. durch Reibung in den Boden abgeleitet (Bild 13.9).
Mit dem Coulomb'schen Reibungsgesetz $R = \mu \cdot V$ ($\mu = tg\rho$ = Reibungsbeiwert; z. B. für Kies $\rho = 30°$) wird die Gleitsicherheit $\gamma = \mu \cdot V/H$. Um die Gleitsicherheit zu vergrößern, muß V möglichst groß sein. Gelegentlich geschieht dies durch Ballast aus aufgeschüttetem Boden oder über Schlepp-Platten. Kann die Gleitsicherheit nicht gewährleistet werden, muß ein Zugband zur Verbindung der beiden Fußpunkte eingebaut und für die Zugkraft $Z = H$ dimensioniert werden. Dies ist oft ohne viel Mehraufwand möglich, z. B. wenn das Zugband mit dem Hallenfußboden kombiniert werden kann (Bild 13.10).

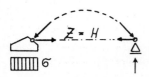

Bild 13.10: Aufnahme des Horizontalschubs durch Zugband

Die horizontale Unverschieblichkeit der Lager ist mit besonderer Sorgfalt zu gewährleisten, da ein Ausweichen der Widerlager zum Einsturz des Bogens führen kann. In Bild 13.11 ist dargestellt, daß eine horizontale Lagerverschiebung Δl ein Mehrfaches dieses Wertes, nämlich $\Delta f = \Delta l \cdot l/2f$ als

13.5. Konstruktive Gesichtspunkte

vertikale Senkung des Scheitelgelenkes bewirkt.

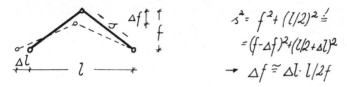

$$s^2 = f^2 + (l/2)^2 \stackrel{!}{=}$$
$$= (f-\Delta f)^2 + (l/2+\Delta l)^2$$
$$\rightarrow \Delta f \approx \Delta l \cdot l/2f$$

Bild 13.11: Lagerverschiebung Δl bewirkt größere Scheitelsenkung Δf.

Bei Hängedächern ist die Aufnahme der H-Kräfte schwieriger, da H in größerer Höhe wirkt und ein Moment um den Fußpunkt ausübt. Aufwendige Konstruktionen sind daher nötig, z. B. Abspannung, Fachwerke, Verstrebungen usw. (Bild 13.12).

Bild 13.12: Verankerung Hängedächer

13.5.3. Auswirkung unsymmetrischer Zusatzlasten

Es wurde bereits darauf hingewiesen, daß unsymmetrischer Zusatzlasten, also z. B. aus Wind oder halbseitigem Schnee, einen Bogen ungünstig verformen, so daß diesem Effekt durch ausreichende Biegesteifigkeit begegnet werden muß. Die biegeweichen Hängedächer dagegen verformen sich stets zur neuen Stützline. (Modelle 114 und 115). Dabei ist zu beachten, daß nicht nur vertikale, sondern auch horizontale Verformungen auftreten, die zu Zwängungen führen können, wenn die Verformung des Hängeseiles z. B. am Dachrand behindert ist (Bild 13.13).

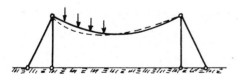

Bild 13.13: Seilverformung bei unsymmetrischer Zusatzlast

110 13. Bogen, Stützlinie und Hängeseil

Besonders problematisch sind Einzellasten, die nachträglich auf Gewölbe aufgebracht werden, z. B. bei Umbauten. (Modell 41). Da die kontinuierliche Krümmung der Gewölbe (der Stützlinie) einer Streckenlast entspricht, können Einzellasten zu schweren Schäden führen.

13.5.4. Lastabtragung über N oder M

Um die Bedeutung von Stützlinienkonstruktionen deutlicher zu machen, wird eine Last P nach Bild 13.14 einmal über einen Biegebalken, zum anderen über eine Stützlinienform abgetragen. Man erkennt, daß die Abtragung über Biegung wesentlich höhere Spannungen bewirkt. Während beim Biegeträger das Moment nur durch den Querschnitt selbst aufgenommen werden kann, der Hebelarm der inneren Kräfte also nur ein Teil der Querschnittshöhe ist, steht bei der Stützlinienform der Stich f als Hebelarm zur Verfügung, der i. d. R. wesentlich größer als die Querschnittshöhe ist. Dieser Vorteil, der beim Rahmen schon teilweise vorhanden war, ist bei der Stützlinienform vollständig gegeben. Deshalb bemüht man sich auch heute (bei weitgespannten Konstruktionen) trotz zugfester Baustoffe, der Stützlinie nahe zu kommen.

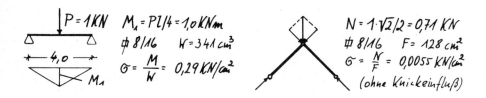

Bild 13.14: Lastabtragung über N ist günstiger als über M

Die gleichen Betrachtungen wie für die Spannungen gelten auch für die Verformungen: Lastabtragung über N ist stets steifer als über M und damit für Tragwerke günstiger.

13.5. Konstruktive Gesichtspunkte   111

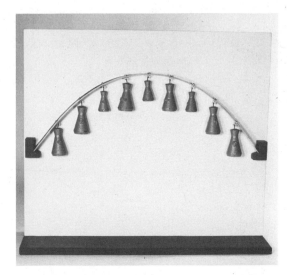

Bild 13.15: Hohe Tragfähigkeit eines Bogens unter Stützlinien-Belastung
(Modell 42)

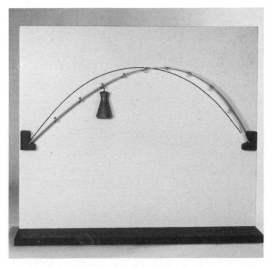

Bild 13.16: Geringe Tragfähigkeit eines Bogens unter Einzellast
(Modell 44)

112 13. Bogen, Stützlinie und Hängeseil / 14. Ebene Fachwerkträger

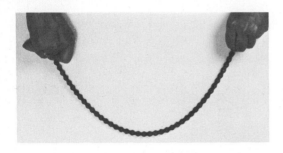

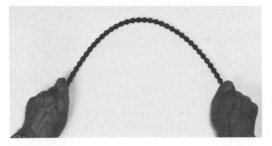

Bild 13.17: Stützlinie als Seil und als Druckbogen
        (Modell 45)

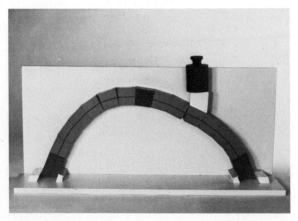

Bild 13.18: Geringe Tragfähigkeit eines Gewölbes unter Einzellast
        (Modell 41)

14. Ebene Fachwerkträger

14.1. Allgemeines

Das Biegemoment eines Trägers wird durch Biegespannungen σ, die ein Kräftepaar $D \cdot z = Z \cdot z = M$ bilden, aufgenommen (Bild 14.1). Die Randfasern des Querschnitts erhalten die größten Spannungen und werden deshalb voll ausgenutzt, während die inneren Fasern nur teilweise beansprucht sind. Ein I-Profil ist deshalb materialsparender als ein Rechteck-Querschnitt, indem das Biegemoment vorwiegend von den beiden Gurtquerschnitten, die Querkraft vom dünnen Steg aufgenommen wird. Da der Steg aus Gründen der Herstellung und der Beulsicherheit nicht beliebig dünn gemacht werden kann, wird er zur weiteren Materialersparnis in einzelne Stäbe aufgelöst. Man kommt so zum Fachwerk, das als "aufgelöster Querschnitt" die materialsparendste Konstruktionsform darstellt. (Modell 46, Bild 14.14 bis 14.16).

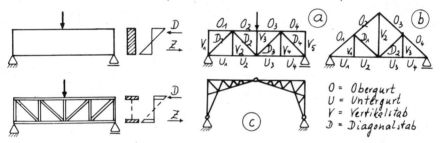

Bild 14.1: Wirkungsweise Vollwand- und Fachwerkträger

Bild 14.2: Fachwerke und Bezeichnungen
a) parallelgurtiger Träger
b) Dreiecksträger
c) Fachwerkrahmen

Fachwerke (Bild 14.2) bestehen aus Ober- und Untergurt zur Aufnahme des Biegemomentes sowie aus Füllstäben, nämlich aus Diagonal- und Vertikalstäben, zur Aufnahme der Querkraft und zur örtlichen Lasteinleitung (Modell 47). Einzelne Stäbe können unter bestimmten Lastfällen kräftefrei sein. Derartige "Nullstäbe" sind in Bild 14.2 die Stäbe V_1, V_2, V_4, V_5, O_1 und O_4 des Parallelgurtfachwerkes unter der angegebenen Last. (Warum? Unter welcher Last erhalten sie Kräfte?) Nullstäbe sind nicht überflüssig, sie werden für andere Lastfälle sowie zur Knickaussteifung anderer Stäbe benötigt. Man erkennt sie leicht, indem man für einzelne Knoten $\Sigma V = 0$ oder $\Sigma H = 0$ bildet.

14. Ebene Fachwerkträger

Stabile statisch bestimmte Fachwerke werden nach folgendem Bildungsgesetz aufgebaut: Ausgehend von einem Dreieck wird jeder neu hinzukommende Knoten durch je 2 Stäbe angeschlossen (Bild 14.3). Ist die anschließende Fläche aus 3 zusätzlichen Stäben gebildet, entsteht ein Gelenkviereck, und das Fachwerk ist instabil. Schließt sich die nächste Fläche mit einem einzigen Stab, ist das Fachwerk "innerlich statisch unbestimmt", da die Stabkräfte nicht aus den Gleichgewichtsbedingungen allein zu bestimmen sind. Üblicherweise werden Fachwerke innerlich statisch bestimmt ausgebildet, um Zwängungen auszuschalten. Unabhängig von der inneren statischen Bestimmtheit können Fachwerke statisch bestimmt oder statisch unbestimmt gelagert sein.

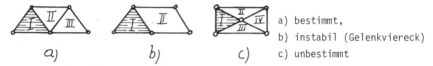

a) bestimmt,
b) instabil (Gelenkviereck)
c) unbestimmt

Bild 14.3: Fachwerk innerlich statisch

Der Berechnung liegt das Modell eines idealen Fachwerkes mit folgenden Voraussetzungen zugrunde:
a) Alle Stabachsen sind gerade.
b) Die Stäbe schließen zentrisch an die Knoten an, d. h. alle Stabachsen eines Knotens schneiden sich in einem Punkt.
c) Alle Stäbe sind an den Knoten gelenkig angeschlossen (Pendelstäbe).
d) Die äußeren Kräfte greifen nur in den Knoten, nicht in der freien Stablänge an.

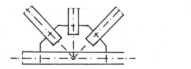 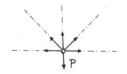

Bild 14.4: Zentrischer Stabanschluß

Voraussetzung a) ist im Normalfall erfüllt; b) ist durch richtige Ausbildung des Knotens (Bild 14.4) zu gewährleisten, denn exzentrischer Stabanschluß bewirkt ein Drehmoment im Knoten, das entweder eine Verdrehung des Knotens oder bei biegesteifem Anschluß der Stäbe Biegemomente in den Stäben erzeugt.
c) ist nur selten exakt erfüllt, jedoch hat ein biegesteifer Stabanschluß, sofern er zentrisch erfolgt, kaum Auswirkungen auf das Tragverhalten des Fachwerkes. Die dadurch bedingten Nebenspannungen sind vernachlässigbar gering.
d) ist oft erfüllt. (Bild 14.13)

14.2. Rechnerische Ermittlung der Stabkräfte

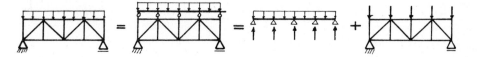

Bild 14.5: Streckenlasten auf Fachwerkträgern

Treten Einzellasten außerhalb der Knoten oder Streckenlasten auf, die den Gurt belasten, denkt man sich den Gurt nach Bild 14.5 für 2 Funktionen getrennt: Vorerst wirkt er als Biegebalken, der die Lasten auf die Knoten überträgt. Hieraus entstehen M und Q im Gurt. Danach wirkt er als Gurt des Fachwerkes, das die Lagerkräfte des Biegebalkens als Knotenlasten erhält. Der Gurt ist somit auf M, Q und N zu bemessen.

Die Stabkräfte können rechnerisch und zeichnerisch ermittelt werden. Das graphische Verfahren zeigt den Kraftfluß etwas anschaulicher, das rechnerische Verfahren wird heute jedoch wegen der größeren Genauigkeit bevorzugt.

14.2. Rechnerische Ermittlung der Stabkräfte

Die Stabkräfte werden nach dem Schnittprinzip ermittelt. Es wurde von Ritter (1847-1900) entwickelt und wird Ritter'sches Schnittverfahren genannt.

Vorerst ist wieder das Gleichgewicht der äußeren Kräfte herzustellen, indem die Lagerkräfte bestimmt werden. Danach wird das Fachwerk an der interessierenden Stelle geschnitten: Die Stabkräfte aller geschnittenen Stäbe (nicht mehr als 3!) werden vorerst als unbekannte Zugkräfte angesetzt. Wirken im Stab Druckkräfte, ist dies am negativen Vorzeichen des Ergebnisses erkennbar. Zum Schluß ist das Gleichgewicht des abgeschnittenen Teiles, nämlich $\Sigma H = \Sigma V = \Sigma M = 0$ zu formulieren, woraus die unbekannten Stabkräfte ermittelt werden können. Durch geschickte Schnittführung läßt sich das System von 3 gekoppelten Gleichungen auf jeweils eine unabhängige Gleichung reduzieren. (Bild 14.14).

Beispiel: Parallelgurtfachwerk nach Bild 14.6. Zur Bestimmung der Gurtkräfte wird der Schnitt so gelegt, daß der Stab selbst und der gegenüberliegende

116 14. Ebene Fachwerkträger

Knoten geschnitten werden, also Schnitt I-I für U_1, II-II für O_1. Wählt man als Drehpunkt D den geschnittenen Knoten, so geht in die Momentengleichung $\Sigma M_D = 0$ nur eine unbekannte Stabkraft, nämlich O_1 bzw. U_1, ein, da die anderen unbekannten Stabkräfte des Schnittes durch den Drehpunkt laufen und deshalb kein Moment ergeben. (Modell 46). Die Diagonalkraft läßt sich so nicht bestimmen. Hier hilft ein Vertikalschnitt III in Verbindung mit der Bedingung $V = 0$. Da die geschnittenen, unbekannten Gurtkräfte horizontal verlaufen, enthält die Gleichung wieder nur eine unbekannte Kraft, nämlich D_2.

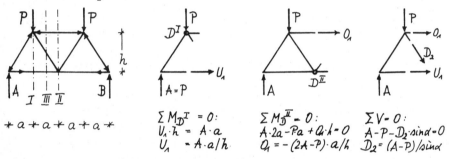

Bild 14.6: Ritter'sches Schnittverfahren zur rechnerischen Bestimmung der Stabkräfte

Das Ritter'sche Schnittverfahren ist einfach und fehlerunempfindlich und wird deshalb gerne angewendet. Ein weiterer Vorteil besteht darin, daß man jede beliebige Stabkraft unabhängig von den anderen Stabkräften bestimmen kann, während beim graphischen Verfahren die Reihenfolge, in der die Stabkräfte bestimmt werden müssen, vorgegeben ist.

Beispiel: Abspannung eines Hängedaches nach Bild 14.7. Als Drehpunkt wird der Fußpunkt des V-Stabes gewählt, durch den gleichzeitig der Schnitt I verläuft.

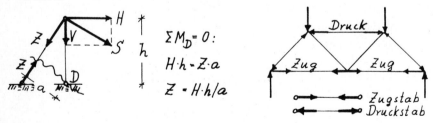

Bild 14.7: Anwendung des Ritter'schen Schnittverfahrens und Darstellung von Zug- und Druckstäben

14.3. Graphische Ermittlung der Stabkräfte

Achtung: Als Stabkraft wird stets die am Knoten angreifende Kraft dargestellt, nicht die am Stab angreifende Reaktion! Siehe Bild 14.7. In Richtung Stabmitte wirkende Pfeile bedeuten daher Zugkraft, nicht Druckkraft.

14.3. Graphische Ermittlung der Stabkräfte

Vorerst werden wieder die Auflagerkräfte bestimmt, um alle äußeren Kräfte ins Gleichgewicht zu bringen. Danach wird Gleichgewicht an jedem Knoten hergestellt, indem für jeden Knoten das Krafteck gezeichnet und geschlossen wird. Man beginnt mit einem Knoten, an den nicht mehr als 2 unbekannte Stabkräfte anschließen, da sonst das Krafteck nicht eindeutig ist. Anschließend folgen die Kraftecke für die benachbarten Knoten, jeweils in der Reihenfolge so, daß nicht mehr als 2 unbekannte Stabkräfte in jedem Krafteck auftreten.

Beispiel: Das in Bild 14.6 rechnerisch behandelte System wird in Bild 14.8 graphisch gelöst. Es wird begonnen mit Punkt A, da in ihm nur 2 Stäbe anschließen. Aus dem Krafteck folgt U_1 und D_1. Damit enthält der obere Knoten nur 2 unbekannte Kräfte. D_1 wirkt am oberen Knoten in gleicher Größe wie unten als Druck-Kraft, so daß für ihn das Krafteck gezeichnet und O_1 und D_2 bestimmt werden kann. So sind die Knoten nacheinander ins Gleichgewicht zu bringen und alle Stabkräfte zu bestimmen. Wegen der Symmetrie des Systems sind D_2 und D_3 für diesen Lastfall Nullstäbe (Polygonzug $D_1 - O_1 - D_4$ ist Stützlinie!).

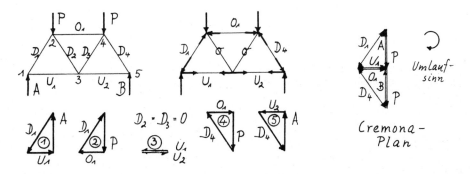

Bild 14.8: Graphische Ermittlung der Stabkräfte und Cremona-Plan

Man erkennt, daß jede Stabkraft in 2 Kraftecken erscheint, da jeder Stab an 2 Knoten anschließt. Um die damit verbundene Arbeit und Ungenauigkeit zu verringern, werden alle Kraftecke in einem einzigen Kraftplan zusammenge-

118   14. Ebene Fachwerkträger

faßt, der nach seinem Erfinder Cremona (1830-1903) Cremona-Plan heißt. Er ist in Bild 14.8 dargestellt. Wiederholen Sie die Konstruktion mit ungleichen Kräften P_1 und P_2!

Das Prinzip des Cremonaplans, wonach jede Stabkraft im Kräfteplan nur einmal erscheint, setzt folgende Konstruktionsregeln voraus:

a) Alle äußeren Kräfte sind so an den Knoten anzubringen, daß sie von außen wirken.

b) Ein Umlaufsinn ist zu wählen, z. B. Uhrzeigersinn. Alle äußeren Kräfte, auch Lagerkräfte, sind im Krafteck, das sich schließen muß, zu vereinen, u. z. in der Reihenfolge, wie sie im gewählten Umlaufsinn am Fachwerk angreifen.

c) Beginnend mit einem Knoten mit 2 Stäben werden die Kraftecke für die einzelnen Knoten gezeichnet. Jede Stabkraft tritt nur einmal, allerdings für 2 Knoten, auf.

d) Kraftrichtung durch Pfeile sowohl in Cremonaplan als in der Systemskizze eintragen.

e) Zur Kontrolle: Der Cremonaplan muß sich am Ende schließen.

Der Cremonaplan ist zwar die knappeste Darstellung der Stabkräfte, er setzt jedoch wie alle graphischen Verfahren große Zeichengenauigkeit voraus. Insbesondere schleifende Schnitte können Ungenauigkeiten hervorrufen.

14.4. Konstruktive Gesichtspunkte

14.4.1. Anwendung von Fachwerken

Alle Tragsysteme können als Fachwerke ausgeführt werden: Stützen, Balken, Durchlaufträger, Gelenkträger, Rahmen, Bögen, usw. Der Vorteil besteht im sparsamen Materialbedarf, da beliebig große Bauhöhen möglich sind und jeder Stab entsprechend der auftretenden Stabkraft dimensioniert werden kann. Dennoch haben Fachwerke ihre Anwendungsgrenzen, da die Herstellung der Knoten aufwendig ist. Im Stahlbetonbau sind Fachwerke nicht üblich, da der Schalungsaufwand für Stäbe und Knoten zu groß und die Bewehrungsführung in den Knoten zu kompliziert ist. (Bild 14.16).

14.4.2. Zug- oder Druckdiagonalen?

In Bild 14.9 ist der gleiche Träger in verschiedenen Varianten dargestellt.

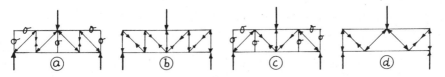

Bild 14.9: Ausbildung von Fachwerken mit Zug- und Druckdiagonalen und Nullstäben;
a) Druckdiagonalen, b) Zugdiagonalen, c) Diagonalen gemischt,
d) Knicklängen $0_{1,2}$ vergrößert

Je nach Neigungsrichtung erhalten die Diagonalen Zug oder Druck, die V-Stäbe umgekehrt Druck oder Zug. I. A. werden Zugdiagonalen bevorzugt, um keine Knickgefahr berücksichtigen zu müssen. Die gedrückten V-Stäbe sind in dieser Hinsicht wegen der kleineren Knicklänge weniger problematisch. Werden die V-Stäbe nach System d) weggelassen, ist das Fachwerk zwar stabil, jedoch sind die Gurtstäbe weniger ausgesteift bzw. müssen mit größerer Knicklänge bemessen werden. Außerdem stehen zur Krafteinleitung weniger Knoten zur Verfügung.

14.4.3. Knotenpunkte

Knotenpunkte werden meistens über Knotenbleche hergestellt, an die die Stäbe zentrisch anzuschließen sind (Bild 14.4). Im Stahlbau erfolgt der Anschluß über Schweiß-, Niet- oder Schraubverbindungen (Modelle 70 bis 72), im Holzbau über Nagelung (Modell 64). Dabei können die Bleche entweder eingefräst oder als Nagelplatten von außen eingepreßt sein (Bild 14.10). Im Stahlbau kann der Anschluß auch über Schweißung der Profile selbst ohne Knotenbleche erfolgen, wodurch ein abslolut biegesteifer Anschluß gegeben ist. Die entsprechenden zimmermannsmäßige Knotenausbildung im Holzbau besteht aus Dübel mit Bolzen oder Nagelung (Modell 66), wobei allerdings mehrlagige Querschnitte erforderlich werden, da anders die Stäbe nicht in einem Punkt zur Deckung zu bringen sind. Derartige Fachwerke wirken dadurch sehr massiv. In Bild 14.11. ist der durchgehende Zuggurt mittig, die Diagonalen jeweils zweilagig seitlich angesetzt, um exzentrische Anschlüsse zu vermeiden.

120   14. Ebene Fachwerkträger

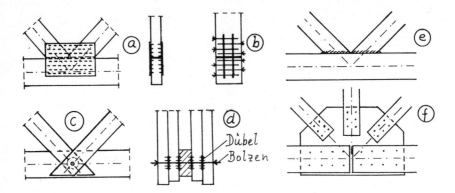

Bild 14.10: Ausbildung der Knotenpunkte für Holz- und Stahlfachwerke
   a) Nagelplatten, b) eingefräste Knotenbleche mit Nagelanschluß
   c) Dübelknoten, d) Querschnitt, e) Schweißanschluß
   f) Knotenblech mit Schraub- oder Nietanschluß

14.4.4. Aussteifung der Druckstäbe

Druckstäbe sind stets knickgefährdet, und zwar sowohl in der Fachwerkebene als auch senkrecht dazu. In der Fachwerkebene ist die Stablänge als Knicklänge anzunehmen, falls nicht sogenannte Sekundärfachwerke nach Bild 14.11 zur Aussteifung angeordnet werden.

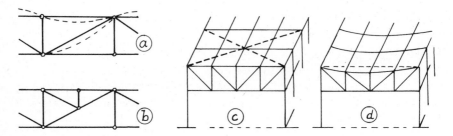

Bild 14.11: Fachwerkträger; a) Knickfigur in Binderebene; b) Sekundärfachwerk zur Knickaussteifung; c) horizontaler Knickverband in Obergurtebene zur Aussteifung senkrecht zur Binderebene; d) Ausknicken des nicht ausgesteiften Obergurts senkrecht zur Binderebene

14.4. Konstruktive Gesichtspunkte

Senkrecht zur Fachwerkebene kann der Obergurt über die volle Trägerstützweite ausknicken, falls nicht Diagonalverbände in der Obergurtebene, also horizontal liegende Fachwerke, die Knickverformung verhindern (Bild 14.11). Hierauf waren schon mehrfach schwere Unfälle zurückzuführen. Eine reine Bretterschalung oder gar nur Pfettenlage ist nicht ausreichend, da diese Elemente ohne Diagonalen der Knickverformung keinen wesentlichen Widerstand entgegensetzen können.

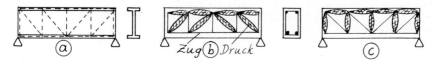

Bild 14.12: Fachwerkanalogie
bei Stahlprofil a) und bei Stahlbetonbalken b) bügelbewehrt und
c) mit Schrägeisen

14.4.5. Fachwerkanalogien

Bei Vollwandträgern kann ein Fachwerk als anschauliche Analogie besseres Verständnis bewirken. So zeigt Bild 14.12 ein I-Profil mit eingezeichnetem Fachwerk. Man erkennt, daß die beiden Gurte den Fachwerkgurten zur Aufnahme von M entsprechen, während der Steg den Diagonalen entspricht, die die Querkräfte übernehmen.

Bei Stahlbetonbalken ist die Fachwerkanalogie besonders hilfreich. Da Beton Zugkräfte nicht mit Sicherheit aufnehmen kann, müssen Zugspannungen durch Stahleinlagen gedeckt werden. Bei einem bügelbewehrten Balken nach Bild 14.12 stellen die Zugeinlagen den Untergurt, die Bügel die gezogenen V-Stäbe dar, während die Druckdiagonalen und die O-Stäbe dem Beton selbst zugewiesen werden. Ist der Balken mit Schrägeisen bewehrt, ist eine entsprechende Fachwerkanalogie ebenfalls möglich.

14. Ebene Fachwerkträger

Bild 14.13: Stahlfachwerk-Knoten geschweißt, genietet und geschraubt
(Modelle 70 - 72)

Bild 14.14: Fachwerkträger, Schnittprinzip zum Bestimmen der Stabkräfte
(Modell 46)

14.4. Konstruktive Gesichtspunkte 123

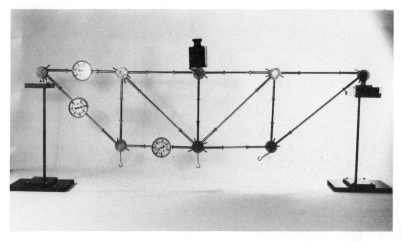

Bild 14.15: Fachwerkträger, Stabkräfte an Meßuhren ablesbar
(Modell 47)

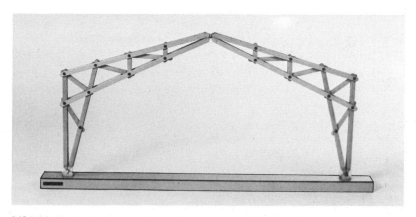

Bild 14.16: Dreigelenk-Rahmen als Fachwerk (Modell 48)

15. Durchbiegung

15.1. Allgemeines

Die Erfahrung lehrt, daß sich Träger unter Belastung durchbiegen. Die Kenntnis der Größe dieser Durchbiegung ist für das Bauen von wesentlicher Bedeutung, da Verformungen zu Schäden führen können. So ist es üblich, dem optisch unbehaglichen Eindruck eines durchgebogenen Trägers dadurch entgegenzuwirken, daß dieser genau um das Maß überhöht hergestellt wird, um das er sich später unter Belastung durchbiegt. Nicht vermeidbar sind dagegen Schäden, die sich aus dem Vorgang der Durchbiegung selbst ergeben: Risse in Trennwänden, die auf Balken und Decken stehen, horizontale Risse in Putz und Wänden im Auflagerbereich infolge des Tangentendrehwinkels der Träger, Aufsetzen der Träger auf Ausbauteile, z. B. auf Fenster, falls nicht genügend Toleranz vorgesehen wurde, usw.. Neben diesen den Gebrauchszustand beeinträchtigenden Schäden können Verbiegungen von gedrückten Elementen, z. B. Stützen, gefährliche Zustände bewirken und zum Versagen führen.

Die Kenntnis der Verformung von Trägern ist auch notwendig für die Berechnung statisch unbestimmter Systeme, da die Gleichgewichtsbedingungen alleine nicht zur Bestimmung der unbekannten Lagerkräfte ausreichen. Verformungsbedingungen müssen sie daher ergänzen.

Die Durchbiegung eines Trägers ist abhängig von mehreren Faktoren: Vorerst von der Belastung q; sodann ist sie eine Funktion der Stützweite l, wobei eine Vergrößerung von q und l auch eine Vergrößerung der Durchbiegung w zur Folge hat, so daß die beiden Größen formelmäßig im Zähler stehen müssen. Weiterhin ist das Materialverhalten, dargestellt durch den E-Modul, sowie eine noch unbekannte Funktion des Querschnittes von Einfluß. Diese beiden Werte stehen im Nenner, da ihre Vergrößerung die Durchbiegung verkleinert. Als letztes spielen die Randbedingungen eine Rolle, also gelenkige Lagerung oder Einspannung oder freier Rand. Sie seien durch einen Vorfaktor c erfaßt, so daß die Durchbiegung w allgemein die Form haben muß:

$$w = c \cdot \frac{q \cdot f(l)}{E \cdot g(Querschnitt)}$$

Die mathematische Ableitung der Biegeline w (z), insbesondere der maximalen Durchbiegung max w = f, erfolgt auf der Grundlage der Technischen Biegelehre, also der Annahme linearer Dehnungen und linearer Spannungsverteilung über die Querschnittshöhe.

15.2. Die Biegelinie

Ein Balken nach Bild 15.1 unter der Belastung q (z) biegt sich an der Stelle z um den Wert w (z) durch. (Modell 17). Die Neigung der Biegelinie sei $\varphi(z) = \frac{dw}{dz}$. Die bei Bauwerken eintretenden Durchbiegungen sind stets so klein, daß die wahre Länge ds eines Elementes sich nur vernachlässigbar wenig von ihrer Projektion dz unterscheidet, so daß ds ≈ dz. Die Änderung der Neigung dφ bewirkt eine Längenänderung ε der einzelnen Fasern y des Elementes und damit auch eine Spannung $\sigma = E \cdot \varepsilon$. Aus der bereits bekannten Beziehung $\sigma = \frac{M}{I} \cdot y$ folgt die Differentialgleichung der Biegelinie:

$$\boxed{\frac{d^2w}{dz^2} = -\frac{M}{EI}}$$

Da die 2. Ableitung einer Funktion ihre <u>Krümmung</u> darstellt, bedeutet die Gleichung anschaulich, daß die Krümmung der Biegelinie an jeder Stelle proportional zum Biegemoment ist. Der Proportionalitätsfaktor ist die Biegesteifigkeit EI.

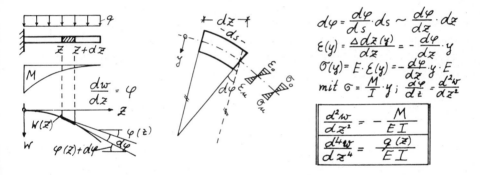

Bild 15.1: Ableitung der Differentialgleichung der Biegelinie

Die Form der Biegelinie läßt sich aus der Erfahrung relativ leicht zeichnen. Auch die Krümmung ist einfach erkennbar, da sie nach Bild 15.2 der Kehrwert des Krümmungsradius ist. Damit läßt sich eine anschauliche und einfache Beziehung zwischen der Biegelinie und der M-Fläche herstellen. Insbesondere ist zu beachten, daß das Moment M nicht zur Durchbiegung w, sondern zur Krümmung proportional ist! Man erkennt dies am besten am Kragarm: Das größte Biegemoment tritt an der Einspannstelle auf. Dort ist w = 0, jedoch die Krümmung w" maximal. Am Kragarmende hingegen ist M = 0, jedoch w maximal. Weiterhin ist zu beachten, daß der Wendepunkt der Biegelinie stets ein Momenten-Nullpunkt ist, da für w" = 0 auch M = 0 .

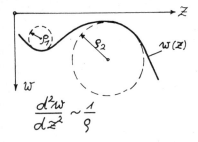

Bild 15.2: Krümmung, Krümmungskreis und Krümmungsradius

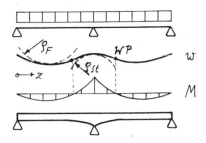

Bild 15.3: Biegelinie, M-Fläche und statisch sinnvolle Form eines 2-Feld-Trägers

Beispiel: Für den 2-Feld-Träger nach Bild 15.3 wird die Biegelinie w (z) nach der Erfahrung gezeichnet. Man erkennt, daß die Krümmung ihr Vorzeichen wechselt, daß also 2 Wendepunkte und damit 2 Stellen mit M = 0 vorhanden sind. Die Krümmung der Felder ist kleiner als über der Mittelstütze, da dort die Krümmungsradien größer sind. Der Charakter der M-Fläche ist damit zu zeichnen. Wie bereits ausgeführt, folgt hieraus die statisch sinnvolle Form. Üben Sie weitere Beispiele zu bereits behandelten Systemen: Einfeldträger mit Kragarm, Gelenkträger, Rahmen, usw.

15.3. Mathematische Lösung der Differentialgleichung

Mit der früher bereits abgeleiteten Beziehung zwischen Belastung und Moment

$$\frac{d^2 M}{dz^2} = -q \quad \text{und mit} \quad \frac{M}{EI} = -\frac{d^2 w}{dz^2}$$

läßt sich die Gleichung der Biegelinie umformen: $\boxed{\dfrac{d^4 w}{dz^4} = \dfrac{q}{EI}}$

Ist für ein bestimmtes System die Belastung q (z) gegeben, ist die Durchbiegung w (z) durch 4-fache Integration zu ermitteln. Die 4 Integrationskonstanten ergeben sich aus den Randbedingungen, z. B. w = 0 und M = 0 für ein Gelenk, oder Q = 0 und M = 0 für einen freien Rand oder w = 0 und w' = 0 für eine Einspannung.

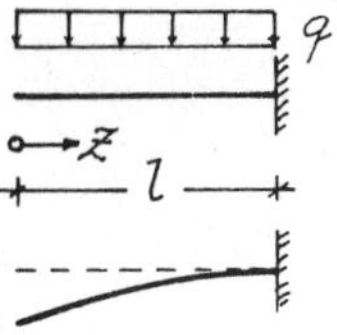

15.4. Häufig auftretende Biegungswerte

$$EI \cdot w^{IV} = q = const$$
$$EI \cdot w^{III} = q \cdot z + C_1 = -M$$
$$EI \cdot w^{II} = q \cdot z^2/2 + C_1 \cdot z + C_2 = -Q$$
$$EI \cdot w' = q \cdot z^3/6 + C_1 \cdot z^2/2 + C_2 \cdot z + C_3$$
$$EI \cdot w = q \cdot z^4/24 + C_1 \cdot z^3/6 + C_2 \cdot z^2/2 + C_3 \cdot z + C_4$$

Randbedingungen:
$$M(0) = 0 \rightarrow C_1 = 0$$
$$Q(0) = 0 \rightarrow C_2 = 0$$
$$w'(l) = 0 \rightarrow C_3 = -q \cdot \frac{l^3}{6}$$
$$w(l) = 0 \rightarrow C_4 = q \cdot l^4/8$$

$$\boxed{EI \cdot w(z) = q \cdot z^4/24 - q \cdot l^3 z/6 + q \cdot l^4/8} \qquad \boxed{f = max\, w = w(z=0) = q l^4/8EI}$$

Bild 15.4: Biegelinie w (z) und maximale Durchbiegung f eines Kragträgers

Beispiel: Kragträger unter konstanter Belastung q (z) = q nach Bild 15.4.
Für z = 0 als freier Rand gilt M = Q = 0, für z = l als Einspannstelle folgt
w = w' = 0. Die maximale Durchbiegung f ergibt sich aus der Biegelinie für z = 0.

15.4. Häufig auftretende Durchbiegungswerte

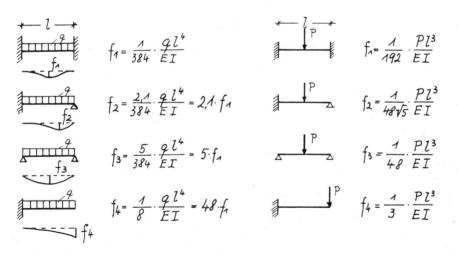

$$f_1 = \frac{1}{384} \cdot \frac{q l^4}{EI} \qquad f_1 = \frac{1}{192} \cdot \frac{P l^3}{EI}$$

$$f_2 = \frac{2{,}1}{384} \cdot \frac{q l^4}{EI} = 2{,}1 \cdot f_1 \qquad f_2 = \frac{1}{48\sqrt{5}} \cdot \frac{P l^3}{EI}$$

$$f_3 = \frac{5}{384} \cdot \frac{q l^4}{EI} = 5 \cdot f_1 \qquad f_3 = \frac{1}{48} \cdot \frac{P l^3}{EI}$$

$$f_4 = \frac{1}{8} \cdot \frac{q l^4}{EI} = 48 \cdot f_1 \qquad f_4 = \frac{1}{3} \cdot \frac{P l^3}{EI}$$

Bild 15.5: Durchbiegungswerte von Trägern

15. Durchbiegung

In Bild 15.5 sind die Durchbiegungswerte für einige häufig auftretende Systeme dargestellt. (Bild 15.9). Man beachte insbesondere den Einfluß der Stützweite, die mit l^4 für Gleichstreckenlast eingeht. Unter sonst gleichen Verhältnissen wird bei Verdoppelung der Stützweite die Durchbiegung nicht doppelt so groß, sondern 16 mal so groß, da $2^4 = 16$. Desgleichen beachte man den Einfluß der Randbedingungen: Ein beidseits gelenkig gelagerter Träger biegt sich unter Gleichstreckenlast 5 mal so viel durch wie ein beidseits eingespannter Träger, ein Kragträger 48 mal so viel. Dies ist z. B. bei Fertigteilkonstruktionen zu beachten, die i. d. R. gelenkig gelagert sind, im Gegensatz zu den durchlaufenden (= eingespannten) Ortbetonkonstruktionen. Aus dem gleichen Grund sind Kragträger stets durchbiegungsgefährdet, z. B. weit auskragende Geschoßdecken im Hochbau, die sich mitsamt den sie belastenden Fassaden weit stärker verformen als am Rand unterstützte Konstruktionen.

Nicht nur die Durchbiegung selbst, sondern ebenso der Tangentendrehwinkel im Auflager kann zu Schäden führen. Er ist einfach bestimmbar: Die Auflagertangente verläuft durch einen Punkt, der sich aus dem c-fachen Stich f nach Bild 15.6 ergibt. Je nach Belastung bzw. Form der Biegelinie liegt c zwischen 1,5 und 2,0.

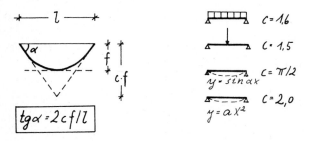

Bild 15.6: Tangentendrehwinkel im Auflager

Beispiel: Ein hölzerner Deckenbalken nach Bild 15.7 biegt sich in Balkenmitte um den Wert f durch. Gleichzeitig verschiebt sich der Auflagerpunkt in die Nähe des inneren Randes, und der Balken hebt an der Außenkante um den Betrag Δ ab.

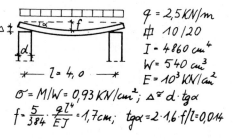

Bild 15.7: Verformungen eines Holzbalkens

15.5. Konstruktive Gesichtspunkte

Zur Vermeidung von Durchbiegungsschäden enthalten die Vorschriften für die einzelnen Baustoffe Durchbiegungsbeschränkungen. In Bild 15.8 sind einige typische Schäden dargestellt. So kann die Durchbiegung f den ungünstigen optischen Eindruck des Durchhängens vermitteln. Träger werden deshalb gerne überhöht ausgeführt, mitunter schlägt man der rechnerischen Durchbiegung sogar noch einen kleinen Betrag, z. B. 1 cm, zu, um auch im Endzustand eine leichte Überhöhung zu behalten. Ist das Toleranzmaß zu Ausbauteilen, insbesondere zu Fenstern oder beweglichen Teilen wie Schiebetüren, nicht genügend groß bemessen, kann es zu Zwängungen und Bruch kommen.

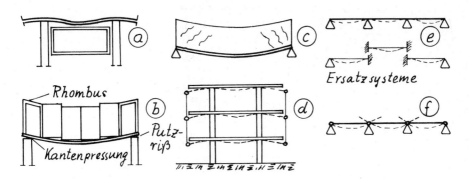

Bild 15.8: Folgen zu großer Durchbiegungen: a) Durchhängen und Aufsetzen bei zu geringer Toleranz; b) Elementverzerrung bei Fertigteilwänden; Putzrisse und Kantenpressung; c) Risse in massiven Trennwänden; d) Durchbiegung großer Kragarme; e) Ersatzsysteme für die Durchbiegung von Mehrfeldträgern; f) Knicke infolge von Tangentendrehwinkeln bei Einfeldträgern

Besonders gefährlich sind die nachträglichen plastischen Durchbiegungen, z. B. aus Kriechen und Schwinden, da sie gleichgroß oder größer als die elastischen Verformungen werden können und da sie zu einem Zeitpunkt auftreten, zu dem das Bauwerk fertig ist und keine weiteren Maßnahmen ohne großen Aufwand mehr möglich sind. Leichte Trennwände auf schlanken Deckenplatten sind davon besonders betroffen, da sie zu diesem Zeitpunkt abgebunden haben, also spröde und damit rißanfällig sind.

130   15. Durchbiegung / 16. Knicken

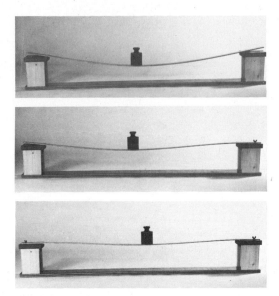

Bild 15.9: Durchbiegung von Einfeldträgern:
Frei aufliegend, einseitig und beidseits eingespannt
(Modell 28)

Bild 15.10: Drehwinkel am Auflager (Modell 84)

Besonders kritisch sind in dieser Hinsicht Einfeldträger. Die an Ortbetonkonstruktionen, die üblicherweise statisch unbestimmt gelagert sind, gewonnenen Erfahrungen können deshalb nicht ohne weiteres auf Fertigteilkonstruktionen übertragen werden, die in der Regel als Einfeldbalken, also statisch bestimmt ausgeführt werden und deshalb bei gleicher Stützweite und Bauhöhe wesentlich größere Durchbiegungen erwarten lassen. Der Tangentendrehwinkel bewirkt Kantenpressungen im Auflager sowie ein Abheben der Außenkante, insbesondere bei Dachdecken und unter Brüstungen, bei denen keine Last aus darüber befindlichen Geschossen den Drehwinkel verhindert. In solchen Fällen sollte eine Fuge sowohl zwischen Decke und Wand als auch im Putz eine zwängungs- und rißfreie Verformung ermöglichen (Bild 15.10).

Bei weitgespannten Einfeldträgern bzw. Einfeldplatten kann der Auflagerdrehwinkel dazu führen, daß bewegliche Wandelemente sich zum Rhombus verzerren. Das Klemmen von Türen trotz Nachbesserns muß nicht unbedingt auf mangelhafte Schreinerarbeit zurückgeführt werden, es kann vielmehr eine zu weiche Unterkonstruktion als Ursache haben.

Kragträger sind stets besonders anfällig für Durchbiegung und erfordern daher besondere Vorsorge.

Besteht die Gefahr von Durchbiegungsschäden, so sind entweder Maßnahmen zur Verringerung der Verformung erforderlich, also z. B. größere Bauhöhe und damit größeres I oder kleinere Spannweiten oder statisch unbestimmte Lagerung, oder es ist durch konstruktive Maßnahmen dafür zu sorgen, daß die Verformungen zwängungsfrei eintreten können, also durch drehfähige Lagerung, Fugen, ausreichende Toleranz usw..

16. Knicken

16.1. Allgemeines

Werden aus einem Stab Elemente unterschiedlicher Länge herausgeschnitten und gemäß Bild 16.1 mit einer Druckkraft belastet, so versagen sie auf unterschiedliche Weise und bei verschiedenen Lasten: Während der gedrungene Stab bis zur Druckfestigkeit des Materials beansprucht werden kann, weicht der schlanke Stab seitlich aus, wird durch die Druckkraft gebogen und versagt unter wesentlich geringerer Last vorwiegend auf Biegung: Der Stab knickt.

16. Knicken

Diese Versagensart ist äußerst gefährlich, da die seitlichen Verformungen, die das Versagen einleiten, so gering sein können, daß sie mit freiem Auge nicht wahrgenommen werden. Der Bruch tritt dann ohne Vorankündigung, also schlagartig ein. (Modell 23). In gleicher Weise können Flächentragwerke, also Scheiben und Schalen, unter Druckbeanspruchung flächig ausweichen und dadurch instabil werden: Sie beulen. Die meisten schweren Bauunfälle sind auf diese Stabilitätsfälle zurückzuführen. Die Kenntnis dieser Erscheinung wird zunehmend wichtiger, da die allgemeine Tendenz zu schlanker Bauweise vorherrscht.

Die Bruchlast, die sogenannte Knicklast, ist abhängig von der Länge des Stabes, seiner Lagerungsart und seiner Biegesteifigkeit EI.

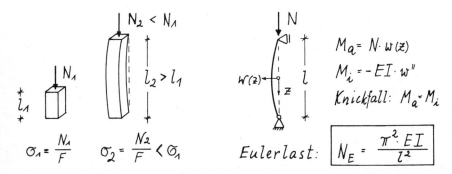

Bild 16.1: Traglast von gedrungenen und schlanken Stäben

Bild 16.2: Knicklast des Euler-Stabes

16.2. Der Euler-Stab

Als erstem gelang es Euler (1707-1783), das Knickproblem mathematisch zu formulieren. Er untersuchte den theoretischen Idealfall eines Stabes mit gerader Stabachse, unter mittigem Lastangriff und für einen isotropen Werkstoff im elastischen Bereich.

Wird der Stab nach Bild 16.2 aus irgendeinem Grund seitlich ausgebogen, und zwar mit der Biegelinie $w(z)$, so verursacht die Druckkraft N an jeder Stelle z des Stabes ein äußeres Biegemoment $M_a = N \cdot w(z)$. Der Krümmung der Biegelinie w'' entspricht gleichzeitig ein inneres Biegemoment $M_i = -EI \cdot w''$, das rückdrehend wirkt. Für $M_i > M_a$ wird der Stab wieder in seine ursprüngliche gerade Lage zurückgebogen. Für $M_i < M_a$ versagt der Stab, da M_i dem äußeren Moment kein

Gleichgewicht halten kann und deshalb die Verformung bis zum Biegebruch zunimmt. (Modell 22). Der Grenzfall $M_i = M_a$, also das labile Gleichgewicht, führt auf die Differentialgleichung von Euler: $N \cdot w = -EI \cdot w''$. Ihre Lösung lautet:

$$N_E = \frac{\pi^2 \cdot EI}{l^2}.$$

Die maximale Tragkraft N_E wird die <u>Euler-Last</u> genannt. Sie ist diejenige theoretische Druckkraft, unter der ein Stab bei den o. g. idealen Voraussetzungen ausknickt. Da kein Stab diesen idealen Bedingungen genügt, ist die Euler-Last ein theoretischer Höchstwert, der weder im Laborversuch noch in der Baupraxis erreichbar ist. Die Biegesteifigkeit EI steht im Zähler, da bei größerem EI die Biegeverformung verringert und damit die aufnehmbare Knicklast vergrößert wird. Die Stablänge geht quadratisch ein und steht im Nenner, da ein längerer Stab biegeweicher ist und die Knicklast verringert. Man beachte, daß die Biegesteifigkeit EI sowohl das Materialverhalten (über E) als auch den Querschnitt (über I) berücksichtigt.

<u>Beispiel:</u> Ein Holzstab b/d = 1/1 cm von der Länge l = 1 m nach Bild 16.2 knickt unter der Eulerlast $N_E = \pi^2 \cdot 10^3 \cdot 1^4 / 12 \cdot 10^4$ = 0,08 kN. Ein Stab von der halben Länge würde die vierfache Last tragen. Ein Stahlstab mit den gleichen Abmessungen trägt die 21-fache Last, da $E_{Stahl} = 21\, E_{Holz}$.

Aus der Ableitung der Euler-Last ist erkennbar, daß die <u>Verformung</u> des Druckstabes unter Last für das Tragverhalten ausschlaggebend ist. Diese Betrachtung am verformten System nennt man <u>Theorie 2. Ordnung.</u> Sie ist für die Erfassung aller Stabilitätsfälle erforderlich. Die meisten anderen statischen Probleme lassen sich mit genügender Genauigkeit nach Theorie 1. Ordnung, also durch Untersuchung am unverformten System, erfassen, da die Verformung für sie keine so wesentliche Bedeutung hat und im übrigen in allen baupraktischen Fällen klein ist.

16.3. Die 4 Eulerfälle

Die Betrachtung des beidseits gelenkig gelagerten Stabes läßt sich auf andere Randbedingungen erweitern, indem der Begriff der <u>Knicklänge</u> eingeführt wird. In Bild 16.3 sind die 4 wesentlichen Lagerungsarten von Druckstäben, nämlich die sogenannten 4 Euler-Fälle, dargestellt und Knick-Biegelinien eingetragen. Durch Vergleich des Verformungsbildes mit Fall 2 erkennt man, daß z. B. der einseitig eingespannte Stab nach Fall 1 sich so verhält wie ein doppelt so langer Stab nach Fall 2. Also ist seine Knicklänge $s_k = 2l$. Die Euler-Formel

134 16. Knicken

geht damit über in die allgemeine Form $\boxed{N_k = \pi^2 EJ / s_k^2}$. Das gleiche gilt für die Euler-Fälle 3 und 4, wobei die Knicklänge der Abstand der Momenten-Nullpunkte = Wendepunkte ist. Hiermit kann das Knickverhalten von Druckstäben beliebiger Lagerung auf den Euler-Fall 2, also auf den beidseits gelenkig gehaltenen Stab zurückgeführt werden. (Modell 24, Bild 16.16).

Euler-Fall	①	②	③	④
System	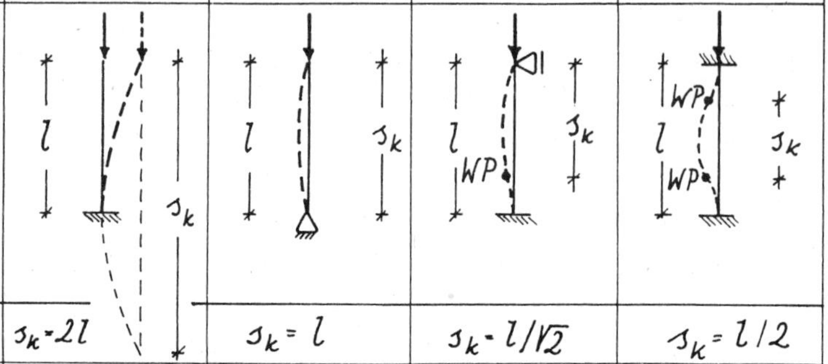 l , s_k	l , s_k	l , WP, s_k	WP, l, WP, s_k
Knicklänge	$s_k = 2l$	$s_k = l$	$s_k = l/\sqrt{2}$	$s_k = l/2$
Knicklast	$N_k = \dfrac{\pi^2 \cdot EI}{4\,l^2}$	$N_k = \dfrac{\pi^2 \cdot EI}{l^2}$	$N_k = \dfrac{2\pi^2 EI}{l^2}$	$N_k = \dfrac{4\pi^2 EI}{l^2}$

Bild 16.3: Die 4 Euler-Fälle

Man beachte insbesondere, daß der Kragstab nach Euler-Fall 1 wegen der doppelten Knicklänge nur ein Viertel der Knicklast nach Fall 2 trägt. Diese Reduzierung der Tragfähigkeit ist besonders gefährlich, da sie durch die üblichen Sicherheiten bei weitem nicht gedeckt ist und der Lagerungsfall 1 mitunter versteckt auftritt und nicht erkannt wird. Aus diesem Grunde sollte man sich stets die Knick-Biegelinie der gedrückten Stäbe aufzeichnen.

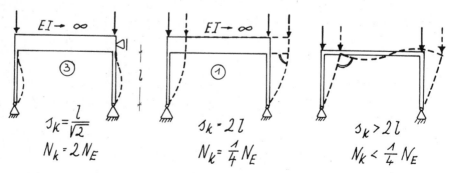

Bild 16.4: Knicklänge von 2-Gelenk-Rahmen

Beispiel: Ein 2-Gelenk-Rahmen nach Bild 16.4 habe einen Riegel, dessen Biegesteifigkeit näherungsweise als unendlich groß angenommen werden kann. Die Stiele verhalten sich nach Euler-Fall 1 und nicht nach Fall 3, da der Riegel seitlich ausweichen kann. Ist der Riegel zusätzlich seitlich gehalten, so ist Fall 3 maßgebend. Ist der Riegel nicht unendlich biegesteif, kann sich also die Riegelecke verdrehen, ist $s_k > 2l$.

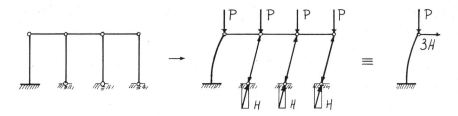

Bild 16.5: Knickverhalten eines eingespannten Stabes mit angehängten Pendelstäben

Beispiel: Eine Hallen-Achse nach Bild 16.5 wird aus einer eingespannten Stütze und daran anschließenden Pendelstützen gebildet. Die Knickbiegelinie des Systems zeigt, daß sich die Pendelstäbe schräg stellen und dadurch die eingespannte Stütze mit zusätzlichen H-Kräften belasten. Eine Berechnung der eingespannten Stütze nach Fall 1 nur unter der Drucklast N wäre zu günstig und könnte zum Bruch führen. (Modell 26, Bild 16.18).

16.4. Praktische Behandlung des Knickproblems

16.4.1. Schlankheit des Knickstabes

In der Praxis sind 2 Verfahren zur Behandlung des Knickproblems üblich: Im Holz- und Stahlbau wird das ω-Verfahren bevorzugt, im Stahlbetonbau das ΔM-Verfahren. Bei beiden Verfahren wird der Begriff der Schlankheit verwendet, der wie folgt abzuleiten ist:

Bezieht man die Euler-Last auf die Querschnittsfläche des Stabes, bestimmt man also die zentrisch angenommene Knickspannung σ_K, so lassen sich die geometrischen Abmessungen des Stabes zusammenfassen:

$$\sigma = \frac{N_k}{F} = \frac{\pi^2 E J}{s_k^2 \cdot F} = \frac{\pi^2 E i^2}{s_k^2} = \pi^2 \cdot \frac{E}{\lambda^2}$$

136 16. Knicken

Hierin versteht man unter $i = \sqrt{I/F}$ den Trägheitsradius des Querschnitts, der für die üblichen Profile in den Querschnittstabellen angegeben ist. Für einen Rechteckquerschnitt b/d nach Bild 16.6 z. B. gilt

$$i = \sqrt{bd^3 / 12\,bd} = d / \sqrt{12} = 0{,}289\,d.$$

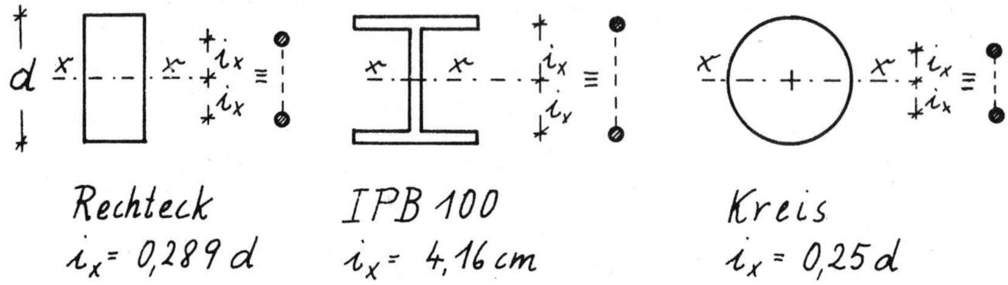

Rechteck   *IPB 100*   *Kreis*
$i_x = 0{,}289\,d$ $i_x = 4{,}16\,cm$ $i_x = 0{,}25\,d$

Bild 16.6: Trägheitsradius i

Der Trägheitsradius gibt denjenigen Abstand von der Achse an, in dem die Querschnittsfläche F konzentriert angesetzt werden müßte, um das Trägheitsmoment I zu ergeben. Nach dem Satz von Steiner gilt nämlich $I = i^2 \cdot F$, also

$$i = \sqrt{I/F}$$

Bei I-Profilen ist i daher relativ größer als bei Rechtecken. Damit läßt sich die Schlankheit λ des Knickstabes definieren: $\lambda = s_k/i$. Die Schlankheit ist also das Verhältnis von Knicklänge zu Trägheitsradius. Damit ist die Knickspannung nur mehr von dem geometrischen Wert λ und dem Materialwert E abhängig.

16.4.2. Das ω-Verfahren

Beim ω-Verfahren wird die die Tragfähigkeit des Stabes reduzierende Wirkung des Knickens dadurch erfaßt, daß die zulässige Spannung zul σ durch einen Faktor ω reduziert, oder, was auf das gleiche hinausläuft, daß die angreifende Druckkraft N mit diesem ω-Wert multipliziert wird. Der Spannungsnachweis lautet somit

$$\sigma = \omega N / F \leq \text{zul } \sigma.$$

16.4. Praktische Behandlung des Knickproblems

Die ω-Werte sind für die einzelnen Baustoffe aus den Vorschriften bzw. aus Tabellen zu entnehmen, u. z. in Abhängigkeit von λ. Während die Euler-Formel auf die genannten idealisierenden Annahmen aufbaut, sind bei den ω-Werten zusätzliche baupraktische Einflüsse berücksichtigt, nämlich ungewollte Exzentrizitäten aus der Lasteinleitung oder aus unvermeidlichen Herstellungsungenauigkeiten sowie aus nicht-elastischem Baustoff-Verhalten.

Die Bemessung nach dem ω-Verfahren ergibt also notwendigerweise niedrigere Knicklasten als die idealisierende Euler-Formel. Wegen dieser zusätzlichen Einflüsse sowie wegen der Abhängigkeit der Knicklast vom E-Modul gelten für jeden Baustoff andere ω-Werte, für Holz also andere Werte als für Stahl St 37 oder St 52.

Beispiel: Holzstab nach Bild 16.7, Euler-Fall 1.

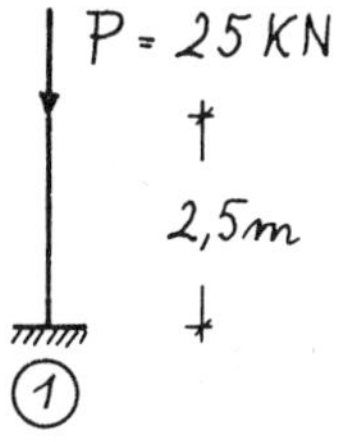

$P = 25$ KN
$2,5$ m
①

$\square\ 12/16$

$\min i = 0{,}289 \cdot 12 = 3{,}47$ cm

$\lambda = 500/3{,}47 = 144$

$\sigma_k = \omega \cdot \dfrac{P}{F} = 6{,}22 \cdot \dfrac{25}{12 \cdot 16} = 0{,}81$ KN/cm² $< 0{,}85 = $ zul σ

$s_k = 2 \cdot 2{,}5 = 5{,}0$ m

Tabelle: $\omega = 6{,}22$

Bild 16.7: Knickstab aus Holz

16.4.3. Das ΔM-Verfahren

Im Gegensatz zum ω-Verfahren, bei dem der Knickeinfluß durch ω-fache Vergrößerung der angreifenden Normalkraft erfaßt wird, berücksichtigt das ΔM-Verfahren die seitliche Auslenkung des Druckstabes durch zusätzlichen Ansatz einer Momentenfläche ΔM = N · Δm. Die Werte Δm, die die Knickbiegelinie darstellen, ergeben sich aus der angenommenen ungewollten Vorverformung f_o des Stabes zuzüglich der Verbiegung w infolge N. Für häufig vorkommende Fälle enthalten die Vorschriften Angaben für anzusetzende Δm-Werte.

Das Δ-Verfahren ist anschaulicher als das ω-Verfahren, da es die seitliche Auslenkung unmittelbar in die Rechnung einführt. Es erfordert einen geringen Mehraufwand, da stets N und M zu berücksichtigen sind.

138 16. Knicken

Abschließend sei darauf aufmerksam gemacht, daß bei Druckkräften stets auf die Knickgefahr zu achten ist, während Zugkräfte naturgemäß einen Stab geradeziehen wollen und daher keine Knickbetrachtung erfordern. Während Vorauslenkung f_0 bzw. Abweichungen von der ideal-geraden Stabachse durch Zugkräfte verringert werden, wirken Druckkräfte auf sie vergrößernd und dadurch für die Tragfähigkeit abmindernd (Bild 16.8).

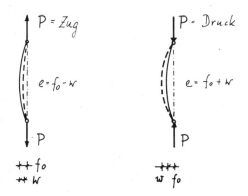

Bild 16.8: Zug- und Druckkraftwirkung am vorverformten Stab

16.5. Weitere Stabilitätsfälle

16.5.1. Beulen

Das flächige Ausweichen gedrückter Bereiche von Scheiben und Schalen wird Beulen genannt.

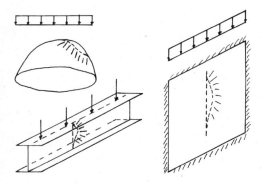

Bild 16.9: Beulen von Schalen, Scheiben und von Stegen von Biegeträgern

16.5. Weitere Stabilitätsfälle

So kann z. B. eine Kugelschale nach Bild 16.9 dadurch versagen, daß eine vorhandene Imperfektion, also eine Beule, sich unter dem Einfluß von Druckkräften vergrößert, bis kein Gleichgewicht mehr möglich ist. Eine größere Krümmung der Schale und größere Schalendicke erhöhen die Tragfähigkeit. In gleicher Weise kann z. B. ein zu dünner Steg oder Gurt eines I-Profils im Bereich der Biege-Druckspannungen beulen. Aussteifungen in Form von Beulensteifen wirken günstig.

16.5.2. Drillknicken

Torsionsweiche Profile wie L- und V-Querschnitte können unter Druck dadurch versagen, daß sie sich nach Bild 16.10 verdrehen. Deshalb sind bei Druckstäben stets drillsteife Profile, also Profile, die sich einem Quadrat oder Kreis annähern und geschlossen sind, zu bevorzugen.

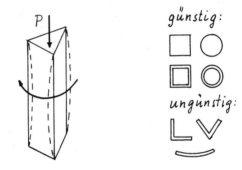

Bild 16.10: Drillknicken gedrückter Stäbe mit geringer Torsionssteifigkeit

16.5.3. Kippen

Bei schlanken Biegeträgern besteht die Gefahr, daß der gedrückte Obergurt in Feldmitte seitlich ausweicht, obwohl der Träger am Auflager seitlich gehalten ist, z. B. durch Gabellagerung (Bild 16.11). Diese <u>Instabilität</u> nennt man Kippen (der Querschnitt des Trägers in Feldmitte kippt!) und ist nicht zu verwechseln mit dem Umkippen eines Trägers. Diese Versagensart stellt eine Art Ausknicken des Druckgurtes dar, wobei der Zuggurt, der seine Form unter dem Einfluß der Zugkraft weitgehend behält, in gewissem Maß stabilisierend wirkt, sofern die Drillsteifigkeit des <u>Trägerquerschnittes</u> die Verdrehung genügend behindert. (Modell 27). Ein ausreichend breiter Druckgurt

16. Knicken

sowie drillsteifer Trägerquerschnitt wirken daher günstig. Liegen mehrere schlanke Träger nebeneinander, können ihre Druckgurte mittels Diagonalverbänden zu einem horizontalen Fachwerk verbunden werden, das aussteifend wirkt. Die übrigen Träger werden mittels Pfetten an diesen "Kipp-Verband" angeschlossen (Bild 16.19).

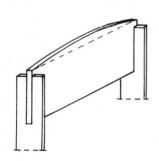 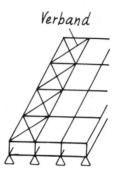

Bild 16.11: Kippen eines Biegeträgers und Aussteifung durch Kipp-Verband

Wegen der Kipp-Gefahr werden einzeln wirkende Holzquerschnitte i. d. R. nicht schlanker als b : d = 1 : 2 bis 1 : 3 ausgeführt. I-Normalprofile sind wegen der geringeren Gurtbreite gefährdeter als IPB-Profile.

16.6. Konstruktive Gesichtspunkte

16.6.1. Formgebung

Stützen werden im allgemeinen parallelgurtig ausgeführt. Bei großer Stützenhöhe kann es sinnvoll sein, den Querschnitt der M-Fläche, die der Knickbiegelinie entspricht, anzupassen. Das gleiche gilt für Stützlinienbögen, die ebenfalls ausknicken können und deshalb auch in der Mitte der Knicklänge den stärkeren Querschnitt benötigen (Bild 16.12).

16.6. Konstruktive Gesichtspunkte

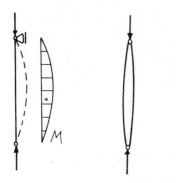
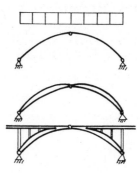

Bild 16.12: Statisch sinnvolle Form von Druckstäben

16.6.2. Starke und schwache Knickachse

Druckstäbe werden i. A. um die schwache Achse zuerst ausknicken. In Sonderfällen kann es vorkommen, daß die Lagerungsart um die beiden Achsen verschieden ist, also z. B. $s_{k,x} = h$ für Knicken um die x-Achse, hingegen $s_{k,y} = h/2$ für die andere Richtung. In Bild 16.13 ist ein derartiger Fall dargestellt, bei dem Gerüststützen durch Geländerstäbe und Diagonalverbände in einer Richtung stärker ausgesteift sind als in der anderen Richtung.

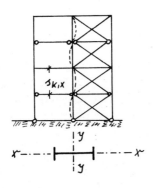
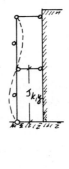

Bild 16.13: Unterschiedliche Knicklänge in x- und y-Richtung

142 16. Knicken

In solchen Fällen kann Knicken um die starke Achse, jedoch mit größerer
Knicklänge, ungünstiger sein als Knicken um die schwache Achse. Um Fehler
und damit Gefahren zu vermeiden, sind stets beide Verformungsrichtungen
zu betrachten und gegebenenfalls rechnerisch zu untersuchen.

16.6.3. Montagefälle

Besondere Gefahr geht von Montagezuständen aus, da diese mitunter vorher
nicht überlegt wurden und die Gefahr an Ort nicht erkannt wird. Hier trifft
den bauleitenden Architekten oder Ingenieur besondere Verantwortung. So
würde z. B. das kurzzeitige Wegnehmen des Geländerstabes beim Gerüst nach
Bild 16.13 (etwa um Material einfacher in das Gebäude transportieren zu
können) die Knicklänge des Stabes verdoppeln und die Tragfähigkeit der
Stütze auf ein Viertel reduzieren. Um solche Gefahren zu vermeiden, helfen
nur gründliche Kenntnis der mechanischen Zusammenhänge und offene Augen auf
der Baustelle.

16.6.4. Obergurte von Fachwerkträgern

Das seitliche Ausweichen der Obergurte von Fachwerkträgern, das dem Kipp-
Versagen entspricht, hat wiederholt zu Bauunfällen geführt. In Fachwerkebene
sind die Stäbe, wie man leicht sieht, in jedem Knotenpunkt gehalten. Leicht
wird jedoch übersehen, daß senkrecht dazu wesentlich größere Knicklängen
eintreten können, wenn nicht alle Knotenpunkte durch horizontale Knickverbände
gehalten sind (Bild 16.14).

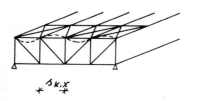 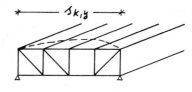

Bild 16.14: Horizontal ausgesteifter und unausgesteifter Fachwerk-Obergurt
              mit Knicklängen in x- und y-Richtung

16.6. Konstruktive Gesichtspunkte 143

Bretterschalungen können nicht ohne weiteres als Aussteifung angesehen werden, da Holz insbesondere in Querrichtung stark schwindet und die so entstehenden Fugen zwischen den Brettern keine Scheibenwirkung ermöglichen. (Modell 56). Die Bretter verschieben sich gegeneinander. Für die aussteifende Scheibenwirkung sind daher Diagonalen aus aufgenagelten Brettern oder aus verzinkten Blechstreifen unerläßlich (Bild 16.15).

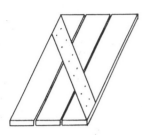 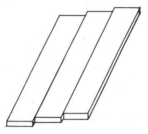

Bild 16.15: Bretterschalung mit und ohne Diagonalverband als aussteifende Scheibe

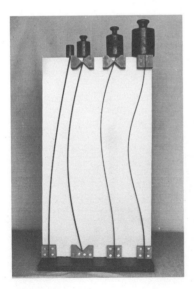

Bild 16.16: Knicklasten und Knickfiguren bei den 4 Euler-Fällen (Modell 24)

144 16. Knicken / 17. Statisch unbestimmte Systeme

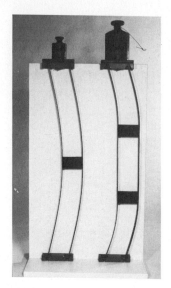

Bild 16.17: Knicklasten und Knickfiguren mehrteiliger Stützen
(Modell 25)

Bild 16.18: Knicken einer Stützenkette (Modell 26)

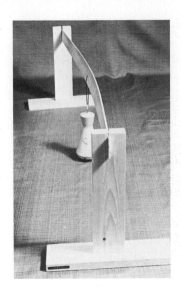

Bild 16.19:
Kippen schlanker Biegeträger (Modell 27)

17. Statisch unbestimmte Systeme

17.1. Prinzip der rechnerischen Behandlung

Es wurde bereits gezeigt, daß der Charakter der Momentenfläche aus der Krümmung der Biegelinie erkennbar ist. Auf diese Weise läßt sich die Momentenbeanspruchung und die statisch sinnvolle Form auch für statisch unbestimmte Systeme leicht abschätzen.

Die genaue rechnerische Ermittlung der Schnittkraftflächen ist nicht mit Hilfe der 3 Gleichgewichtsbedingungen allein durchführbar, da mehr als 3 unbekannte Lagerkräfte zu bestimmen sind. Sie müssen daher durch Verformungsbedingungen ergänzt werden.

Die Berechnung erfolgt in 3 Schritten: Vorerst wird das vorhandene statisch unbestimmte System durch Entfernen von überzähligen Lagerreaktionen in ein

17. Statisch unbestimmte Systeme

statisch bestimmtes System, das sogenannte Hauptsystem oder Nullsystem, übergeführt. Über dieses System werden die vorhandenen Lasten abgetragen und die zugehörigen Schnittkraftflächen M_o, Q_o und N_o sowie die Verformungen δ_{io} bestimmt. Danach werden am Nullsystem anstelle der entfernten Lagerreaktionen unbekannte Kräfte bzw. Momente X_i angesetzt und über die Verformungsbedingungen so bestimmt, daß die tatsächlichen Lagerbedingungen erfüllt sind. (Modell 32). Auch hierfür werden die Schnittkraftflächen M_i, Q_i und N_i ermittelt. Im letzten Schritt überlagert man die Schnittkräfte aus der vorhandenen Last und aus den statisch Überzähligen X_i.

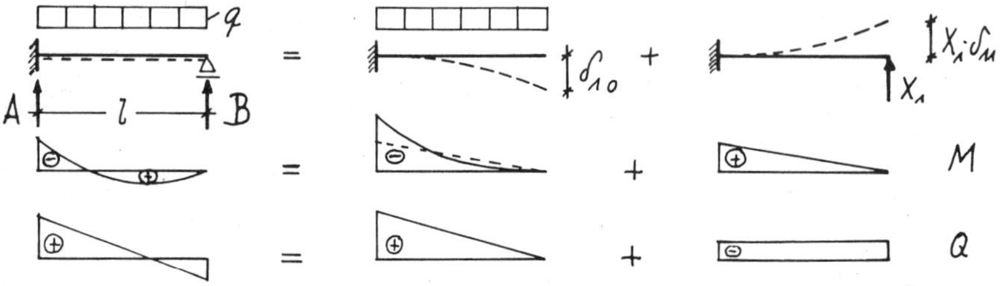

$$X_1 \cdot \delta_{11} + \delta_{10} = 0 \rightarrow X_1 = -\frac{\delta_{10}}{\delta_{11}}$$

$$\delta_{10} = \frac{q \cdot l^4}{8EI}$$

$$X_1 \cdot \delta_{11} = -\frac{X_1 \cdot l^3}{3EI}$$

$$= \frac{3}{8} q \cdot l = B$$

Bild 17.1: Einfeldträger 1-fach statisch unbestimmt

<u>Beispiel:</u> Der 1-fach statisch unbestimmte Träger nach Bild 17.1 ist statisch bestimmt gelagert, wenn das Lager B entfernt und statt dessen die unbekannte Kraft X_1 angesetzt wird. Der Punkt B wird damit zur Stelle $i = 1$. Als nächstes sind die Verformungsgrößen δ_{ik} am Nullsystem zu bestimmen, wobei der 1. Index i die Stelle, der 2. Index k den Lastfall bezeichnet. Da am tatsächlichen System die Verformung an der Stelle 1 wegen des Lagers B Null sein muß, lautet die Bestimmungsgleichung für $X_1 = B$: $X_1 \cdot \delta_{11} + \delta_{10} = 0$. Durch Überlagerung der Momente und Kräfte aus der äußeren Last und aus X_1 folgt die Beanspruchung des tatsächlichen Systems.

Treten mehrere statisch Überzählige X_i auf, sind die tatsächlichen Lagerbedingungen an i Punkten zu erfüllen. Die Unbekannten X_i ergeben sich dann aus einem System von i Gleichungen. Sie werden "Verträglichkeitsbedingungen" genannt, da sie die Verträglichkeit der Verformungen an den ausgelösten Lagern oder Gelenken wiederherstellen. Grundsätzlich ist es gleichgültig, welche

überzähligen Lagerreaktionen entfernt werden, um das statisch bestimmte
Hauptsystem zu erhalten. Die Rechnung wird jedoch weniger fehlerempfindlich,
wenn das Nullsystem dem tatsächlichen System möglichst gut entspricht, damit
die erforderliche Korrektur durch X_i gering bleibt und Differenzen aus grossen Zahlen vermieden werden. Bei Durchlaufträgern werden aus diesem Grund
häufig nicht die überzähligen Lager entfernt, sondern Gelenke über den Stützen
eingefügt. Die Unbekannten X_i sind dann Stützmomente, die Verformungswerte δ_{ik}
die Drehwinkel in den Gelenken.

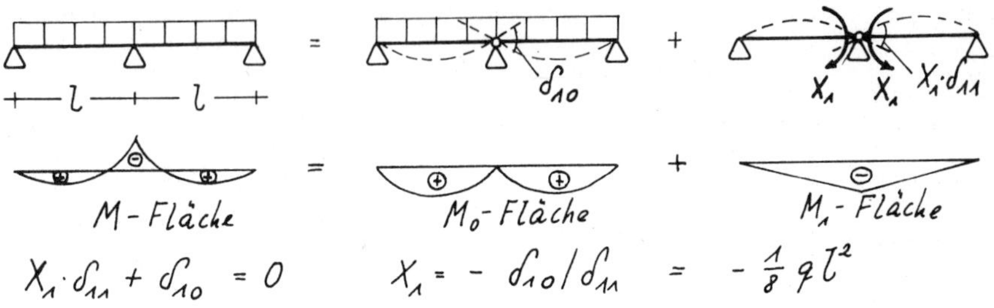

$$X_1 \cdot \delta_{11} + \delta_{10} = 0 \qquad X_1 = -\delta_{10}/\delta_{11} = -\frac{1}{8} q l^2$$

Bild 17.2: Statisch unbestimmter Zweifeldträger

Beispiel: Der 2-Feld-Träger nach Bild 17.2 könnte z. B. so berechnet werden,
daß das mittlere Lager B entfernt und stattdessen die Unbekannte Kraft X_1
angesetzt wird. Das Nullsystem liegt jedoch näher am tatsächlichen System,
wenn nicht die Kraft B, sondern das Stützmoment M_B ausgelöst und im Gelenk
das unbekannte Moment X_1 angesetzt wird. X_1 ergibt sich letztlich aus der
Bedingung, daß der Balken über B keinen Knick aufweist, also kontinuierlich
durchläuft (Bild 17.13).

17.2. Gebrauch von Tabellen

17.2.1. Mehrfeldträger mit gleichen Stützweiten

Da die Berechnung statisch unbestimmter Systeme relativ aufwendig ist, sind
die wichtigsten Bestimmungsstücke für die häufig benötigten Tragsysteme in
Tabellenwerken zusammengestellt, so vor allem für Träger über mehrere Felder
und für einfache Rahmen. Zu beachten ist dabei, daß die ungünstigste Beanspruchung einer Stelle des Trägers oder eines Feldes nicht unbedingt dann
auftritt, wenn der gesamte Träger maximal belastet ist, vielmehr dann, wenn
eine bestimmte Lastgruppierung gegeben ist. Das Eigengewicht g ist stets voll
vorhanden und kann nicht variieren. Die Verkehrslast p hingegen kann beliebig

148 17. Statisch unbestimmte Systeme

auftreten. Im Hochbau ist es üblich, sie <u>feldweise ungünstig</u> anzusetzen, wobei aus der Biegelinie erkennbar ist, ob die Belastung eines Feldes günstig oder ungünstig auf die betrachtete Stelle wirkt (Bild 17.14).

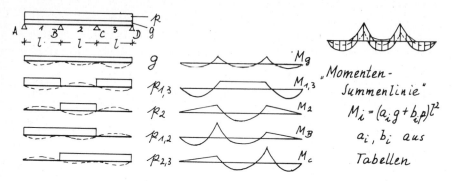

Bild 17.3: Momenten-Summenlinie eines 3-Feld-Trägers

In Bild 17.3 ist ein Dreifeldträger dargestellt. Die Belastung der Felder 1 und 3 krümmt diese Felder nach unten, so daß diese Belastung für max M_1 und max M_3 maßgebend ist. Eine Belastung von Feld 2 hingegen würde die Felder 1 und 3 entlasten, darf für $M_{1,3}$ also nicht angesetzt werden. Sie wiederum ist maßgebend für max M_2. Entsprechend ergibt sich das größte Stützmoment aus der Belastung der benachbarten Felder. (Modell 33).

Die Momente unter ständiger Gleichstreckenlast g haben den Wert $M_i = a_i \cdot g \cdot l^2$, unter Verkehrslast p den Wert $M_i = b_i \cdot p \cdot l^2$. Die Faktoren a_i und b_i sind Tabellenbüchern zu entnehmen.

<u>Beispiel:</u> Dreifeldträger nach Bild 17.3. Zur Übung vergleiche man die Momentenwerte bzw. die Faktoren a_i und b_i mit den früher bereits angegebenen Momenten für gelenkig gelagerte bzw. ein- und beidseits eingespannte Einfeldträger. Die Randfelder entsprechen ungefähr einseitig eingespannten, Mittelfelder beidseits eingespannten Trägern.

Die Überlagerung der ungünstigsten Werte der verschiedenen M-Flächen liefert die <u>"Momentensummenlinie",</u> die die maximale Beanspruchung des Trägers zeigt und für dessen Bemessung maßgebend ist. Man beachte, daß sie nicht aus einem bestimmten Lastfall, sondern aus mehreren nicht gleichzeitig möglichen Lastfällen hervorgeht.

17.2.2. Zweifeldträger mit ungleichen Stützweiten

Das Stützmoment M_B eines Zweifeldträgers mit ungleichen Stützweiten läßt sich in der in Bild 17.4 angegebenen einfachen Formel fassen. Hieraus ergeben sich die Auflagerkräfte A, B und C. Das maximale Feldmoment tritt an der Stelle x_1 auf, für die Q = 0 gilt. Aus $Q = A - q \cdot x = 0$ folgt somit $x_1 = A/q$ und damit $M_1 = A^2/2q$ bzw. $M_2 = C^2/2q$.

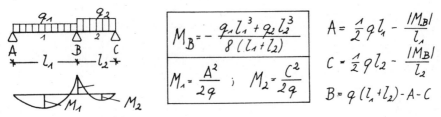

Bild 17.4: Zweifeldträger mit ungleichen Stützweiten

17.2.3. Abschätzen von Schnittkräften durch Vergleich

Sind für das vorliegende System keine Tabellenwerte vorhanden, lassen sich die Schnittkräfte durch Vergleich mit einem gelenkig gelagerten bzw. eingespannten Einfeldträger, dessen M-Fläche man kennt, abschätzen. Hierzu zeichnet man aus der Erfahrung die Biegelinie des Systems und vergleicht mit bekannten Systemen, also z. B. mit Einfeldträgern oder Durchlaufträgern gleicher Stützweite. Hat man ein System gefunden, das gleiches Verformungsverhalten aufweist, übernimmt man dessen Stützmomente und schätzt so die Stützmomente des tatsächlichen Systems ab.

17.2.4. Statisch unbestimmte Rahmen

Auch für Rahmen sind die statisch Unbestimmten in Tabellenwerken angegeben. Bild 17.5 zeigt als Beispiel den Zweigelenkrahmen unter Gleichstreckenlast, Bild 17.6 den eingespannten Rahmen. Man beachte, daß die Schnittkräfte vom Verhältnis der Riegel- zur Stielsteifigkeit abhängen. Auch hier läßt sich anhand der Biegelinie ein Vergleich mit Einfeldträgern durchführen: Sind z. B. die Stiele unendlich steif gegenüber dem Riegel, wirkt der Riegel wie ein beidseits eingespannter Einfeldträger mit dem Einspannmoment $M_{St} \cong ql^2/12$. Ist umgekehrt der Riegel unendlich steif gegenüber den Stielen, wirkt er wie ein gelenkig gelagerter Einfeldträger mit $M_F \cong ql^2/8$, da die Stiele wegen

17. Statisch unbestimmte Systeme

ihrer Weichheit keine wesentliche Einspannung bewirken können. Die gebräuchlichen Rahmen liegen zwischen diesen beiden Grenzfällen (Modell 37, Bild 17.15).

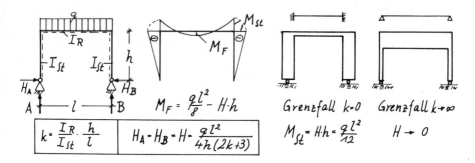

Bild 17.5: Zweigelenkrahmen

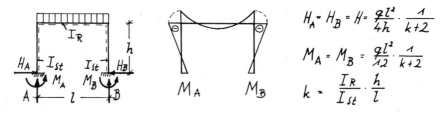

Bild 17.6: Eingespannter Rahmen

Eingespannte Rahmen wirken wie Zweigelenkrahmen mit verkürzten, also steiferen Stielen, so daß das Stützmoment etwas größer, das Feldmoment etwas kleiner wird. Dieser Vorteil wird selten genutzt, da er durch größere Zwängungsbeanspruchung aus Schwinden und Temperatur zum großen Teil aufgehoben wird.

17.3. Der Vierendeel-Träger

Träger, deren Stege durch regelmäßige Aussparungen so unterbrochen sind, daß zwischen den Aussparungen biegesteife Riegel verbleiben, werden Rahmenträger oder - nach ihrem ersten Anwender - Vierendeel-Träger genannt. Sie unterscheiden sich von Fachwerkträgern grundsätzlich dadurch, daß die Riegel nicht gelenkig, sondern biegesteif an die Gurte anschließen und daß dadurch keine Diagonalen erforderlich sind (Bild 17.7).

17.3. Der Vierendeel-Träger

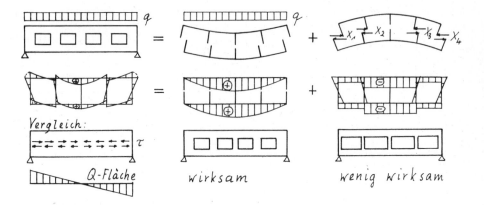

Bild 17.7: Rahmenträger oder Vierendeel-Träger

Die statische Wirkungsweise dieser vielfach unbestimmten Systeme läßt sich angenähert so erfassen, daß ein Längsschnitt durch die Riegelmitten geführt (Nullsystem) und an den Schnittstellen unbekannte Querkräfte X_i angebracht werden, deren Größe aus den Verformungsbedingungen zu bestimmen ist. Die im Nullsystem als Einzelträger wirkenden Gurte erhalten damit rückdrehende Biegemomente, die umso größer sind, je größer die Biegesteifigkeit der Riegel ist. Die Biegemomente des Nullsystems werden dadurch verringert, das System insgesamt wird also günstiger. (Modell 112). Diesem Vorteil steht als Nachteil gegenüber, daß die Riegel, deren Hälften als Hebelarme für die X_i wirken, Q und M erhalten, für die sie ausgebildet und an die Gurte angeschlossen werden müssen. Rahmenträger gelten deshalb als relativ komplizierte Tragwerke (Bild 17.16).

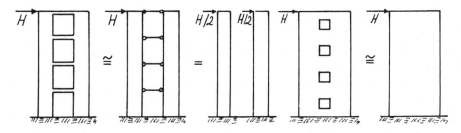

Bild 17.8: Giebelwand als auskragender Rahmenträger;
Grenzfälle mit sehr biegeweichen und sehr biegesteifen Riegeln

17. Statisch unbestimmte Systeme

Das statische Verhalten läßt sich auch an den Grenzfällen der Riegelsteifigkeit nach Bild 17.8 anschaulich machen: Ist die Riegelsteifigkeit sehr klein, wird die Verformung der Gurte kaum behindert. Die Gurte wirken nahezu wie Einzelträger, die Riegel haben lediglich die Funktion, über Normalkräfte für gleiche Verformung der Gurte zu sorgen. Ist die Steifigkeit der Riegel jedoch groß, sind also die Aussparungen klein, wirkt das System wie ein geschlossener Träger, in dem die Aussparungen nur kleinere Spannungsumlagerungen bewirken. Aus den einzelnen Riegelquerkräften X_i werden so die üblichen kontinuierlich wirkenden Schubspannungen τ infolge Q.

Aus diesem 2. Grenzfall läßt sich erkennen, daß die X_i in denjenigen Bereichen groß sind, wo die Querkräfte des Gesamtsystems groß sind. Dort sind große Riegelsteifigkeiten, d. h. große Riegelquerschnitte, besonders wirksam, also stets in der Nähe der Auflager, nicht in Feldmitte.

Die Ausbildung von Vierendeelträgern bietet sich insbesondere dort an, wo Aussparungen erforderlich und große Bauhöhen gegeben sind, also z. B. bei geschoßhohen, weitgespannten Abfangeträgern und bei Giebelscheiben von Hochhäusern. Trotz ihres statischen Vorteils werden sie wegen der schwierigen Ausführung nicht allzu häufig angewendet. Die biegesteifen Anschlüsse der Riegel an die Gurte sowie der Umstand, daß das System als ganzes erst stabil ist, wenn beide Riegel, bei Einfeldträgern also beide Geschosse, hergestellt sind, führen oft zu der Entscheidung, auf die Rahmentragwirkung lieber zugunsten einer einfacheren Herstellung zu verzichten oder, wenn Diagonalen möglich sind, Fachwerkkonstruktionen vorzusehen.

In manchen Fällen jedoch, z. B. bei Giebelscheiben von Hochhäusern, ermöglicht erst die günstige Rahmentragwirkung ein standsicheres Tragwerk. Die in den Bildern dargestellten Konstruktionen können natürlich auch mit mehr als 2 Gurten bzw. Stielen als vielgeschossiger oder vielfeldriger Rahmenträger ausgeführt werden.

17.4. Unterspannte und abgespannte Träger

Zur Verstärkung von Biegeträgern wird gelegentlich das Prinzip der Unterspannung bzw. Abspannung nach Bild 17.9 angewendet. Diese Systeme unterscheiden sich grundsätzlich dadurch von Fachwerkträgern, daß der Gurt biegesteif durchläuft, also in den Knotenpunkten keine durchgehenden Gelenke vorhanden sind. Lediglich die Unterspannung bzw. Abspannung wird gelenkig angeschlossen.

17.5. Innerlich statisch unbestimmte Systeme und Systeme veränderlicher Gliederung

Andernfalls wäre das System für unsymmetrische Lasten instabil. (Modell 111).

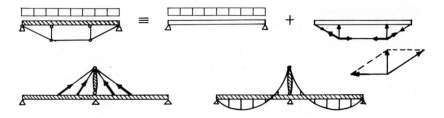

Bild 17.9: Unterspannte und abgespannte Systeme

Die statische Wirkungsweise wird verständlich, wenn der biegesteife Träger als Nullsystem und die Unter- bzw. Abspannung als statisch Unbestimmte angesehen wird. Jeweils in den Knickpunkten der Seile treten Umlenkkräfte auf, die zur Unterstützung des Trägers genutzt werden können. So übernimmt der Träger einen Anteil q_1 der Belastung q über seine Biegesteifigkeit, die Unter- bzw. Abspannung einen Anteil q_2 über ihre Dehnsteifigkeit. Je nach den Steifigkeitsverhältnissen überwiegt q_1 oder q_2: Große Biegesteifigkeit vergrößert q_1, große Dehnsteifigkeit q_2. Durch Vorspannung und damit vorweggenommener Dehnung der Seile kann das Verhältnis von q_1 zu q_2 im gewünschten Sinn beeinflußt werden. Antimetrische Lasten können nur über die Biegesteifigkeit des Trägers abgetragen werden, da die Form der Unterspannung hierfür instabil ist (Bild 17.17).

Die Spannseile werden stets so geführt, daß sie auf Zug beansprucht sind, während der biegesteife Träger die Druckkräfte übernimmt. Zur Unterstützung positiver Momente dient somit eine Unterspannung, für negative Momente eine Abspannung. Bei Mehrfeldträgern können diese Prinzipien, entsprechend den wechselnden Vorzeichen der M-Fläche, auch kombiniert werden.

17.5. Innerlich statisch unbestimmte Systeme und Systeme veränderlicher Gliederung

Das bereits besprochene Bildungsgesetz für Fachwerke ermöglicht den Aufbau statisch bestimmter Fachwerke, die also nur mit Hilfe von Gleichgewichtsbedingungen behandelt werden können. Werden zusätzliche Stäbe eingefügt, wird das Fachwerk, trotz statisch bestimmter Lagerung, <u>innerlich</u> statisch unbestimmt.

17. Statisch unbestimmte Systeme

Beispiel: Die Konsole nach Bild 17.10 a zeigt das Prinzip: Bei der Anordnung gekreuzter Diagonalen ist ein Stab mehr vorhanden, als für statisch bestimmte bzw. stabile Ausbildung erforderlich wäre. So wird ein Lastanteil P_1 über das System mit der Druckdiagonalen, der zweite Lastanteil P_2 über das System mit der Zugdiagonalen abgetragen. Das Verhältnis $P_1 : P_2$ ergibt sich aus der Verformungsbedingung, daß beide Systeme gleiche Verformung haben müssen, da sie eine Einheit bilden.

Auch innerlich statisch unbestimmte Systeme sind Zwängungen, z. B. aus ungleichmäßiger Temperaturänderung, unterworfen. Sie werden deshalb bei Baukonstruktionen gerne vermieden. Umgekehrt werden sie dort eingesetzt, wo bewußt überdimensioniert wird, weil beim Ausfall eines Elementes noch Sicherheit vorhanden sein muß, also z. B. im Flugzeugbau.

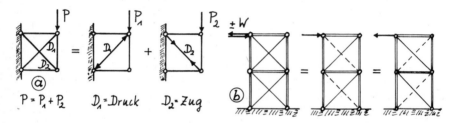

Bild 17.10: Innerlich statisch unbestimmtes System mit drucksteifen Diagonalen (a) und (b) statisch bestimmtes System veränderlicher Gliederung mit ausknickenden Diagonalen (Andreas-Kreuze)

Die Systeme sind nicht zu verwechseln mit sogenannten Systemen veränderlicher Gliederung nach Bild 17.10 b. Bestehen die Diagonalen nur aus Elementen, die nicht biegesteif, also auch nicht knicksteif sind, z. B. aus Seilen oder dünnen Brettern, wird bei wechselnden Lasten die jeweils gedrückte Diagonale ausknicken, statisch also nicht wirken: Das System verändert sich je nach Lastrichtung und ist jeweils innerlich statisch bestimmt. Diese Art der Aussteifung ist sehr beliebt, da sie mit einfachen Mitteln möglich ist. (Modell 55).

Gekreuzte Diagonalen, die nur auf Zug tragen und auf Druck ausknicken, werden auch "Andreas-Kreuze" genannt.

17.6. Konstruktive Gesichtspunkte

17.6.1. Statisch bestimmt oder unbestimmt konstruieren?

Eine Reihe von Gründen spricht für, aber auch gegen statisch unbestimmte Konstruktionen, so daß im Einzelfall geprüft werden muß, welche Konstruktionsart günstiger ist. Vorerst die Vorteile:

Wie insbesondere aus dem Prinzip der Schlußlinie erkennbar, werden bei statisch unbestimmten Trägern die Biegemomente günstiger auf Feld und Stütze verteilt, so daß die Träger besser ausgelastet sind, d. h. einen geringeren Materialbedarf haben und mit geringerer Bauhöhe auskommen. Dies wirkt sich umso stärker aus, je größer der Anteil des Eigengewichtes und je geringer der Anteil der Verkehrslast ist. Rein statisch ist also das statisch unbestimmte System günstiger.

Auch die geringere Verformbarkeit spricht im Regelfall für statisch unbestimmte Systeme. Es wurde bereits gezeigt, daß Durchlaufträger und eingespannte Träger wesentlich geringere Durchbiegungen aufweisen als statisch bestimmte Einfeldträger, so daß sie auch aus diesem Grund schlanker und materialsparender ausgeführt werden können.

In Sonderfällen, in denen leicht verformbare Konstruktionen erwünscht sind, kann sich dies allerdings als Nachteil auswirken, also z. B. bei schlechterem Baugrund, bei dem mit stark unterschiedlicher Setzung zu rechnen ist. Hier werden statisch bestimmte Konstruktionen, die nicht zu Zwängungen führen, bevorzugt. Auch Temperatur- und Schwindverformungen können Zwängungen hervorrufen. Ist also mit großen Temperaturdifferenzen zu rechnen, z. B. bei Sichtbeton und Fassadenkonstruktionen, ist ebenfalls statisch bestimmte Lagerung günstiger.

Ausschlaggebend ist meistens die Ausführbarkeit der Konstruktion. So ist es oft sehr viel einfacher, Einfeldträger herzustellen und statisch bestimmt gelagert zu montieren, als eingespannte oder durchlaufende Konstruktionen. Dies gilt insbesondere für den Stahlbeton-Fertigteilbau, aber auch für Stahl- und Holzkonstruktionen, während Ortbetonkonstruktionen wegen der einfachen Knotenpunkte lieber statisch unbestimmt hergestellt werden.

Die genannten Gesichtspunkte sind im Einzelfall abzuwägen. Bei weitgespannten Tragwerken überwiegen meistens die statischen Argumente, da sich Materialersparnis auch als Gewichtsersparnis auswirkt, was bei großer Spannweite ent-

17. Statisch unbestimmte Systeme

scheidend sein kann. Bei üblichen Spannweiten hingegen sind diese Punkte nicht so gravierend, so daß die Fragen der Ausführbarkeit in den Vordergrund rücken.

17.6.2. Vereinfachte Systeme und Randeinspannung

Sowohl für das anschauliche Verständnis als auch für die konstruktive Durchbildung und für die Berechnung kann es von Vorteil sein, hochgradig statisch unbestimmte Systeme in sinnvolle einfachere Teilsysteme so zu zerlegen, daß das Tragverhalten angenähert wiedergegeben und besser verständlich wird.

So stellen die meisten Bauwerke strenggenommen Stockwerkrahmen dar, deren Riegel aus den Deckenplatten und Unterzügen und deren Stiele aus den Stützen und Wänden bestehen. Es ist fast immer genügend genau, die Riegel für die vertikalen Lasten als Durchlaufträger nach Bild 17.11 anzusehen und die durch die Stiele gegebene Einspannung zu vernachlässigen. Die Zulässigkeit einer derartigen Vereinfachung erkennt man am besten aus der eingezeichneten Biegelinie: Über den Mittelstützen entsteht wegen der Durchlaufwirkung nur ein geringer Tangentendrehwinkel und deshalb auch nur geringe Stützeneinspannung.

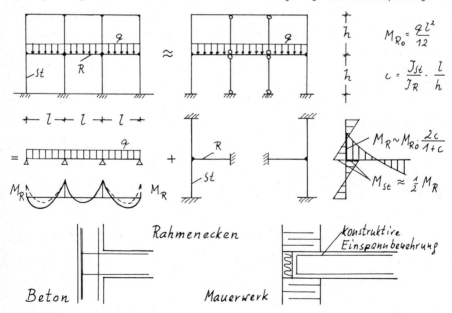

Bild 17.11.: Durchlaufträger zur vereinfachten Betrachtung des Stockwerkrahmens mit Randeinspannung; Ausbildung der Rahmenecke in Beton und Mauerwerk

17.6. Konstruktive Gesichtspunkte

Die Randeinspannung der Riegel hingegen ist nicht ohne weiteres vernachlässigbar. Am Riegelende entsteht ein Einspannmoment, das die Stützen weiterleiten. Je nach den Steifigkeiten von Riegel und Randstützen ist es mehr oder weniger kleiner als das Volleinspannmoment $M_{st} = ql^2/12$. Es läßt sich näherungsweise nach Bild 17.11 erfassen. Wird es nicht genauer nachgewiesen, z. B. bei Deckenplatten in gemauerten Bauwerken, so ist doch durch eine konstruktive obere Bewehrung dafür zu sorgen, daß keine gefährlichen Risse in der Platte aus dem auftretenden Rand-Stützmoment entstehen. (Bild 17.15).

17.6.3. Form und Momentenbeanspruchung

Wie bereits ausgeführt, entspricht die statisch sinnvolle Form eines Trägers seiner Momentenfläche. Bei statisch unbestimmten Systemen ist zu beachten, daß steifere Tragwerksteile stets Momente anziehen. So wirkt sich z. B. nach Bild 17.12 eine voutenartige Verstärkung eines Durchlaufträgers über einer Stütze bzw. an der Einspannstelle so aus, daß das Stützmoment größer, das Feldmoment entsprechend kleiner wird. Im Grenzfall entstünden 2 Kragarme mit gelenkähnlichem Mittelteil. Umgekehrt wirkt eine Feldverstärkung vergrößernd auf das Feldmoment. Im Grenzfall nähert sich dieser Träger einer beidseits gelenkähnlichen Lagerung. Das gleiche gilt z. B. für die Einspannung von Riegeln in die Randstützen: Sehr biegesteife Stützen erzeugen ein starkes Einspannmoment, im Grenzfall das Voll-Einspannmoment. Biegeweiche Stützen geben durch Verformung nach, das Einspannmoment wird kleiner. Dieses Verhalten läßt sich auch über die c-Werte nach Bild 17.11 nachvollziehen.

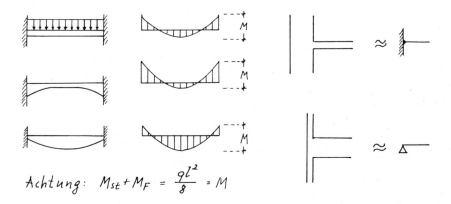

Achtung: $M_{st} + M_F = \dfrac{ql^2}{8} = M$

Bild 17.12: Abhängigkeit der Momentenverteilung von der Form des Tragwerkes

158 17. Statisch unbestimmte Systeme

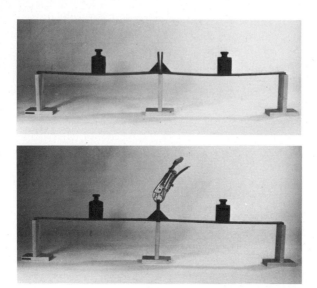

Bild 17.13: Zweifeld-Träger; statisch bestimmtes Hauptsystem und
statisch unbestimmtes System (Modell 32)

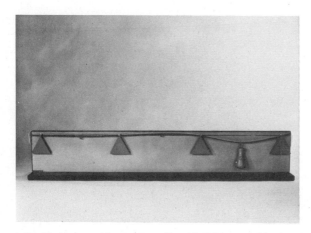

Bild 17.14: Durchlaufträger über 3 Felder, feldweise belastet (Modell 33)

17.6. Konstruktive Gesichtspunkte 159

Bild 17.15: Statisch unbestimmter Rahmen; Beanspruchung vom Verhältnis der Biegesteifigkeit abhängig (Modell 37)

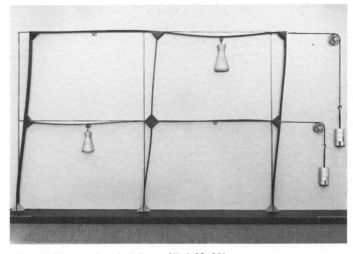

Bild 17.15: Stockwerk-Rahmen (Modell 39)

160 17. Statisch unbestimmte Systeme / 18. Torsion

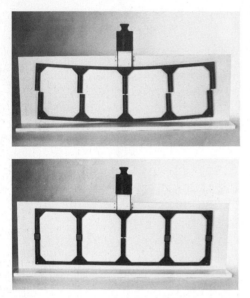

Bild 17.16: Vierendeel-Träger oder Rahmen-Träger;
statisch bestimmtes Hauptsystem und Endzustand (Modell 112)

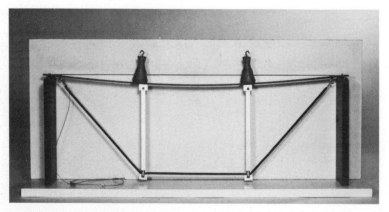

Bild 17.17: Unterspannter Träger unter symmetrischer Last (Modell 111)

Im Gegensatz zu statisch bestimmten Systemen, deren Beanspruchung nur aus dem Gleichgewicht folgt, sind also die - verformungsabhängigen - statisch unbestimmten Systeme durch die Formgebung in gewissen Grenzen in ihrer Momentenbeanspruchung beeinflußbar.

18. Torsion

18.1. Torsionsmoment

Unter Torsion versteht man die Verdrehung eines Stabes um seine eigene Achse. (Modell 49). Wie das Drehmoment kann auch das Torsionsmoment nach Bild 18.1 als Moment eines Kräftepaares auftreten.

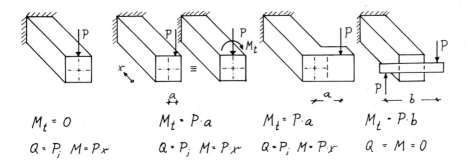

Bild 18.1: Torsionsmomente

<u>Beispiele:</u> Beanspruchung einer Schraube unter dem Momentenangriff eines zweiarmigen Schraubenschlüssels, oder unter dem Moment einer Kraft, z. B. unter einem einarmigen Schraubenschlüssel. Bislang wurde stillschweigend vorausgesetzt, daß die Lasten von Biegeträgern zentrisch, also in der Stabachse, angreifen. Bei exzentrischem Kraftangriff treten zusätzlich zu M, N und Q noch Torsionsmomente auf, die in den Lagern aufgenommen werden müssen, z. B. nach Bild 18.2 durch eine exzentrisch wirkende Lagerkraft oder durch ein Kräftepaar in einem Gabellager oder durch Einspannung.

Alle im Grundriß gekrümmten oder geknickten Stäbe werden durch Vertikalkräfte tordiert, erhalten also Torsionsmomente. Diese Beanspruchungsart ist daher

für Baukonstruktionen genauso wichtig wie M, N und Q, kommt allerdings
nicht so häufig vor.

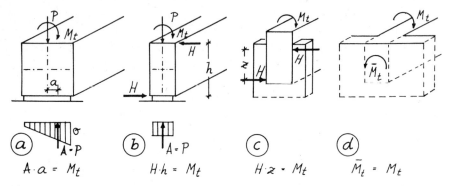

Bild 18.2: Aufnahme des Torsionsmomentes M_t im Auflager:
  a) durch exzentrisch wirkende Lagerkraft A, falls die Exzentrizität a gering ist; b) durch horizontale Abstützung am oberen und und unteren Rand; c) durch Gabellagerung mit Kräftepaar wie b); d) durch Einspannung im Widerlager

Ermittelt man die Torsionsmomente für jeden Punkt der Stabachse und trägt die Werte in gleicher Weise wie die M-, N- und Q-Flächen auf, erhält man die Torsionsmomentenfläche. Torsionsmomente bewirken im Stab Schubspannungen τ. Sie haben den gleichen Charakter wie die Schubspannungen τ aus Querkraft, können also damit überlagert werden, sind allerdings anders über den Querschnitt verteilt. Im folgenden wird die Verteilung dieser Schubspannungen τ bei häufig auftretenden Querschnitten behandelt. Man unterscheidet die "Reine Torsion" oder "St. Venant'sche Torsion", bei der die Querschnitte eben bleiben, von der "Wölbkrafttorsion", bei der eine Verwölbung der Querschnitte auftritt. Die verschiedenen Querschnittsformen wie Kreisquerschnitt, Rechteckquerschnitt, Hohlprofile, offene Profile usw. reagieren sehr unterschiedlich auf Torsionsmomente. (Modell 50). Manche Profile sind sehr torsionsweich, verdrehen sich also stark, während andere Profile torsionssteif sind. Dieses Verhalten ist für Tragwerke wichtig und muß daher genauer untersucht werden.

18.2. Torsion bei Kreisquerschnitten

Die Schubspannungen τ verlaufen rotationssymmetrisch ringförmig um die Stabachse und linear über den Durchmesser verteilt. Diese Annahme entspricht der

18.3. Torsion bei Kreisringquerschnitten

Navier'schen Annahme einer linearen Verteilung der Biegespannungen. Im Kreismittelpunkt gilt $\tau = 0$, am Rand ist τ maximal. τ ergibt sich nach Bild 18.3 in gleicher Weise wie bei der Ableitung der Biegespannung aus dem Gleichgewicht, da das angreifende Torsionsmoment M_t gleich dem inneren Torsionsmoment aus den Schubspannungen sein muß. Bei dieser Beanspruchung bleiben die Querschnitte eben, es handelt sich daher um reine Torsion.

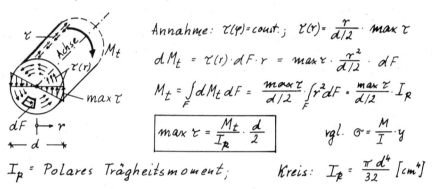

Bild 18.3: Torsionsbeanspruchung eines Kreisquerschnittes

Wie bei den Schubspannungen infolge Q bereits dargelegt, müssen Schubspannungen aus Gleichgewichtsgründen stets in 2 senkrecht zueinander gerichteten Paaren auftreten. Aus diesem Grund wirken in Schnitten parallel zur Stabachse gleichgroße Schubspannungen τ wie im Querschnitt.

Beispiel: Ein Holzstab sei nach Bild 18.3 beansprucht. Der faserige Charakter von Holz führt parallel zur Faser früher zum Versagen als senkrecht dazu. Der Holzstab versagt also durch Aufreißen parallel zur Stabachse.

18.3. Torsion bei Kreisringquerschnitten

Auch hier handelt es sich wegen der Rotationssymmetrie um reine Torsion. Ist der Querschnitt dünnwandig, kann näherungsweise angenommen werden, daß τ auch in radialer Richtung konstant ist, also $\tau(r;\varphi) = \tau$ = const. Damit vereinfacht sich die Ableitung nach Bild 18.4.

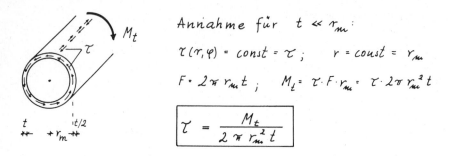

Bild 18.4: Torsionsbeanspruchung eines dünnwandigen Kreisringstabes

18.4. Dünnwandige geschlossene Hohlprofile

Auch für Hohlprofile, die nach Bild 18.5 von der Kreisform abweichen und dünnwandig sind, kann näherungsweise angenommen werden, daß der Schubfluß $\tau \cdot t$ = const. Dadurch vereinfacht sich die Ableitung von τ.
F_m ist die von der Mittellinie eingeschlossene gesamte Fläche, also einschließlich Hohlraum. Für den Kreisringquerschnitt gilt $F_m = \pi r_m^2$
Geschlossene Hohlprofile sind stets sehr torsionssteif, da sich ein geschlossener kreisförmiger Schubfluß ausbilden kann. Werden derartige Profile geschlitzt und damit zu offenen Profilen, ist der geschlossene kreisförmige Schubfluß nicht mehr möglich. Die Torsionssteifigkeit ist entsprechend geringer (Modell 51) und die Torsionsbeanspruchung wesentlich größer.

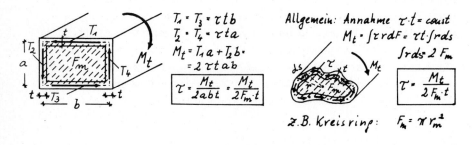

Bild 18.5: Torsionsbeanspruchung von dünnwandigen Hohlprofilen

18.5. Torsion bei Rechteckquerschnitten

Die Querschnitte bleiben bei Verdrehung nicht mehr eben, sie verwölben sich. Die Schubspannungen verlaufen zwar auch noch ringförmig innerhalb des Querschnittes, die Ecken stellen jedoch Störbereiche dar. Die maximale Schubspannung tritt nach Bild 18.6 in der Mitte der längeren Seiten auf, ein zweites, kleineres Maximum in der Mitte der kleineren Seite. Ein rechteckiger Holzstab versagt also auf Torsion durch Aufreißen parallel zur Faser in der Mitte der längeren Seite.

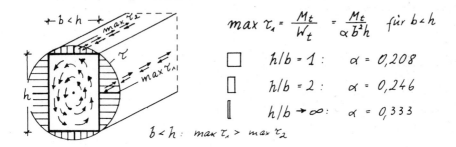

$$\max \tau_1 = \frac{M_t}{W_t} = \frac{M_t}{\alpha b^2 h} \quad \text{für } b < h$$

$h/b = 1: \quad \alpha = 0{,}208$

$h/b = 2: \quad \alpha = 0{,}246$

$h/b \to \infty: \quad \alpha = 0{,}333$

$b < h: \quad \max \tau_1 > \max \tau_2$

Bild 18.6: Torsionsbeanspruchung eines Rechteck-Querschnittes

18.6. Strömungsgleichnis

Die Verteilung der Schubspannungen innerhalb eines tordierten Querschnitts läßt sich vergleichen mit der Geschwindigkeit einer Flüssigkeit, die innerhalb eines Gefäßes mit gleichem Querschnitt zirkuliert. Dieses Strömungsgleichnis veranschaulicht die τ-Verteilung innerhalb der behandelten Profile. Dies gilt insbesondere für den konstanten Schubfluß bei geschlossenen Hohlprofilen, da auch die Geschwindigkeit einer in einem geschlossenen Ring zirkulierenden Flüssigkeit überall konstant ist, sowie für max τ im Rechteckquerschnitt: Jeweils in Seitenmitte ist der Abstand zum Mittelpunkt am kleinsten, damit auch die Durchflußfläche; die Strömungsgeschwindigkeit ist dort also am größten. In den Ecken hingegen ist sie Null.

18.7. Torsion dünnwandiger offener Profile

Bei offenen Profilen ist der umlaufende Schubfluß (vgl. Strömungsgleichnis) wenig wirksam, da als innerer Hebelarm der Kräfte nur die dünne Wanddicke zur Verfügung steht. Erlaubt der Querschnitt jedoch eine Zerlegung des Torsionsmomentes in ein Kräftepaar, und können die beiden Kräfte durch Biegung in den Querschnittsteilen abgetragen werden, so ist diese Beanspruchung wirksamer als der umlaufende Schubfluß. Man nennt diese Torsionsart Wölbkrafttorsion, da die Querschnitte sich verwölben, oder Querkrafttorsion, da das Kräftepaar als Querkraft in den Querschnittsteilen wirkt.

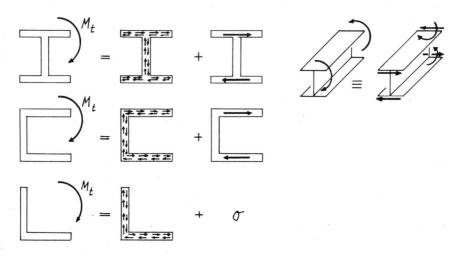

Bild 18.7: Schubfluß und Wölbkrafttorsion bei offenen Profilen

So übernimmt z. B. das I-Profil nach Bild 18.7 einen Teil des Torsionsmomentes über einen umlaufenden Schubfluß, einen zweiten Teil über ein Kräftepaar. Das Kräftepaar erzeugt in den beiden Gurten entgegengesetzt gerichtete Querkräfte und parabolisch verteilte Schubspannungen τ sowie linear über die Querschnittsbreite verteilte Biegespannungen σ. Die Gurte wirken also wie entgegengesetzt beanspruchte horizontale Biegeträger.

In gleicher Weise können [- und Z-Profile Wölbkrafttorsion aufnehmen. Sehr zu beachten ist, daß L- und V-Profile kein Kräftepaar dieser Art aktivieren können, da beide Schenkel durch einen einzigen Punkt gehen. Hier ist also nur der umlaufende Schubfluß möglich, so daß diese Profile sehr ungünstig für die Aufnahme von Torsionsmomenten sind.

Beispiel: Ein Träger nach Bild 18.8 habe das offene Profil einer π-Kassette sowie alternativ ein geschlossenes Hohlprofil. Eine exzentrisch angreifende Kraft P erzeugt das Torsionsmoment M_t = P · a, das vom offenen Profil durch ein Kräftepaar, vom Hohlprofil durch einen geschlossenen Schubfluß aufgenommen wird. Man erkennt, daß das Hohlprofil wirkungsvoller ist: Nur das halbe Torsionsmoment beansprucht die Stege, da die 2. Hälfte als horizontales Kräftepaar die Gurte belastet. Darüber hinaus ist der Schubfluß konstant, die Schubspannung daher geringer als in den Stegen der Kassette, die parabolische τ-Verteilung mit τ = 0 am unteren Stegrand aufweisen.

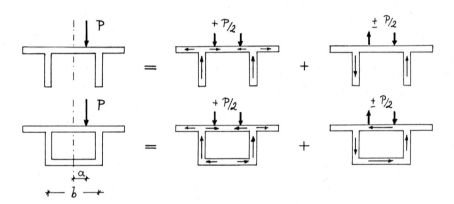

Bild 18.8: π- Kassette und Hohlprofil unter exzentrischem Kraftangriff

18.8. Konstruktive Gesichtspunkte

18.8.1. Querschnittswahl bei Torsionsbeanspruchung

Sind größere Torsionsmomente abzuleiten, so sind Querschnitte empfehlenswert, die einen geschlossenen Schubfluß mit großem inneren Hebelarm ermöglichen. Zur Materialersparnis sind geschlossene Hohlprofile besonders günstig, da sie den geschlossenen Schubfluß ermöglichen und die Querschnittsfläche mit größtem Hebelarm wirksam wird. Kreisringrohre oder Quadrat- bzw. Rechteckrohre nach Bild 18.4 und 18.5 sind daher am wirksamsten. Zu beachten ist stets, daß das Torsionsmoment nicht nur im Stab abgeleitet, sondern am Auflager auch aufgenommen werden kann, z. B. in Form eines Kräftepaares.

Sind geschlossene Hohlprofile nicht möglich, so sind offene Profile, bei denen sich Wölbkraft- oder Querkrafttorsion mit großem inneren Hebelarm ausbilden kann, anzustreben. Wie in Bild 18.7 dargestellt, wird das Torsionsmoment M_t in ein Kräftepaar zerlegt. Die beiden Kräfte können bei I- und U-Profilen als Querkräfte von den beiden Gurten aufgenommen werden. Die Ableitung dieser Querkräfte zum Auflager erzeugt in den Gurten Biegemomente und Biegespannungen σ, die eine gegenläufige Biegeverformung der Gurte und dadurch Verwölbung des Querschnittes zur Folge haben (= Wölbkrafttorsion). Auch diese Beanspruchungsart ist nur möglich, wenn die Kräfte und Momente im Auflager aufgenommen werden.

Den Unterschied zwischen offenen und geschlossenen Hohlprofilen zeigt Bild 18.11 (Modell 51) besonders deutlich: Trotz gleicher Querschnittsfläche wirkt das rechte Rohr sehr viel weicher, da der Längsschlitz einen geschlossenen Schubfluß im Kreisring verhindert. Den gleichen Effekt zeigt auch Bild 18.10 (Modell 50): Obwohl alle 4 Stäbe die gleiche Querschnittsfläche haben, ist ihre Torsionsverformung sehr unterschiedlich. Das Quadratrohr des rechten Stabes ist günstiger als das I-Profil des benachbarten Stabes. Noch wesentlich ungünstiger wirken die beiden linken Stäbe mit L und schlankem Rechteckprofil.

Besonders zu beachten ist, daß sich L- und V-Profile ganz ungünstig verhalten und deshalb bei Torsionsbeanspruchung tunlichst zu vermeiden sind. Bei ihnen kann sich weder ein geschlossener Schubfluß mit großem inneren Hebelarm noch Quer-(=Wölb)krafttorsion ausbilden, da keine gegenüberliegenden Schenkel zur Aufnahme von Kräftepaaren vorhanden sind. So steht nur der relativ ungünstige Schubfluß innerhalb der Schenkel mit kleinem inneren Hebelarm zur Verfügung.

Wie bereits erwähnt, kann die Torsionssteifigkeit der Stäbe nicht nur bei äußeren Torsionsmomenten, sondern auch indirekt bei Knick- und Kipp-Fällen, also bei Instabilitäten, eine wesentliche Rolle spielen.

18.8.2. Instabilität und Torsionssteifigkeit

Es wurde bereits darauf hingewiesen, daß auch Träger, die planmäßig keine Torsion erhalten, durch Verdrehung instabil werden können. So können gedrückte Stäbe durch Drillknicken versagen, wenn die Querschnitte nicht genügend torsionssteif sind. Sie drehen dann unter dem Einfluß der Druckkraft weg. Bei offenen Profilen, insbesondere bei L-Profilen, ist daher Vorsicht geboten (siehe Bild 16.10). Das gleiche gilt für die Kippgefahr schlanker Biegeträger: Da geringe Torsionssteifigkeit das Kippversagen (vgl. Bild 16.11)

18.8. Konstruktive Gesichtspunkte

begünstigt, sind auch zur Aufnahme von Biegemomenten die torsionssteiferen Voll-, Hohl- oder I-Profile zu bevorzugen.

18.8.3. Torsionsverformung und Theorie II. Ordnung

Ist ein Bauwerk nach Bild 18.9 stark exzentrisch ausgesteift und ist die Aussteifung zudem sehr weich, ermöglicht also große Verdrehungen, so kann die Verformung Zusatzlasten nach Theorie II. Ordnung infolge vertikaler Lasten bewirken. Die Verdrehung des Bauwerkes infolge des Windmomentes $M_t = W \cdot e$ um die Drehachse (= Achse des aussteifenden Kernes) erzeugt nämlich eine gewisse Schiefstellung der Stützen um den Winkel α. Die von oben kommenden vertikalen Stützenkräfte V haben daher horizontale Abtriebskräfte $H = V \cdot tg\alpha$ zur Folge, die zusätzliche Querkräfte, Biegemomente und Torsionsmomente auf den aussteifenden Kern abgeben. Dem Torsionsmoment M_t aus Wind addiert sich also ein zusätzliches Torsionsmoment ΔM_t aus Theorie II. Ordnung, das umso größer sein wird, je weicher und exzentrischer der aussteifende Kern ist. Die wirksamste Abhilfe ist daher eine möglichst steife und zentrische Aussteifung.

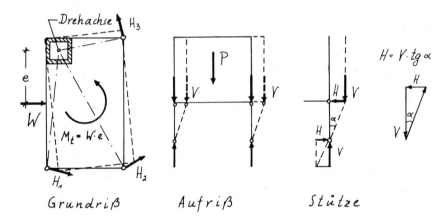

Bild 18.9: Horizontale Abtriebskräfte H aus Verdrehung des Baukörpers

18.8.4. Schubmittelpunkt

Bei U-Profilen, die nach Bild 18.10 senkrecht zur Symmetrieachse belastet werden, ist zu beachten, daß der Lastangriff im Schwerpunkt S oder über dem

170 18. Torsion

Steg nicht nur Q und M, sondern auch ein Torsionsmoment M_t und damit eine Verdrehung bewirkt. Die Biegespannung σ erzeugt nämlich nicht nur im Steg, sondern auch in den beiden Gurten τ-Spannungen, die sich zu einem Kräftepaar $T_1 \cdot h$ addieren. Dieses Kräftepaar überlagert sich dem äußeren Torsionsmoment $P \cdot a$. <u>Soll keine Torsion im Querschnitt auftreten, muß die Belastung im "Schubmittelpunkt" M angreifen,</u> der sich bei U-Profilen außerhalb des Querschnittes befindet. (Modell 52). Das äußere Torsionsmoment $P \cdot m$ steht dann im Gleichgewicht mit dem inneren Moment $T_1 \cdot h$. <u>Der Schubmittelpunkt M ist also derjenige Punkt, in dem eine Last angreifen muß, ohne daß hieraus Torsion im Querschnitt entsteht.</u>

Die Einleitung der Kraft P im außerhalb des Profils befindlichen Schubmittelpunkt M könnte z. B. über eine Konsole erfolgen. Da dies konstruktiv schwierig ist, verzichtet man i. d. R. darauf und nimmt das zusätzliche Torsionsmoment in Kauf. Günstiger sind in dieser Hinsicht symmetrisch belastbare Profile, z. B. I-Profile.

Bei symmetrischen Profilen liegt der Schubmittelpunkt stets auf der Symmetrieachse. (Warum?) Nur bei doppelt symmetrischen Profilen fallen Schubmittelpunkt

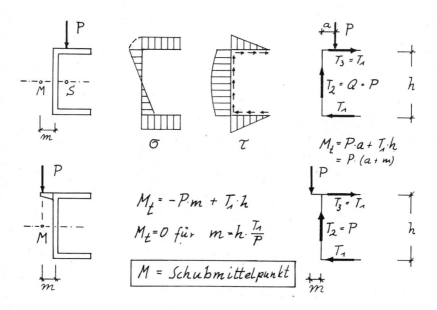

Bild 18.10: Schubmittelpunkt **M** und Torsionsmoment um **M**

18.8. Konstruktive Gesichtspunkte 171

und Schwerpunkt zusammen. (Warum?) Im Schwerpunkt belastete doppelt symmetrische Profile oder in der Symmetrieachse belastete einfach symmetrische Profile erhalten deshalb keine Torsion. Bei allen anderen Profilen, also insbesondere auch bei nicht in der Symmetrieachse belasteten einfach symmetrischen Profilen, ist das Problem des Schubmittelpunktes und der Torsion zu beachten, da hieraus zusätzliche Spannungen entstehen.

Bild 18.11: Kreisringprofil durch geschlossenen Schubfluß torsionssteifer als offenes (geschlitztes) Hohlprofil (Modell 51)

Bild 18.12: Unterschiedliche Torsionssteifigkeit von Stäben aus schlanken Rechteck-, L-, I- und Quadratrohrprofilen (Modell 50)

19. Hauptspannungen und Trajektorien

19.1. Spannungen bei gedrehtem Koordinatensystem

In den bisherigen Abschnitten wurde stets ein Koordinatensystem x und y senkrecht und parallel zur Stabachse verwendet. Die gedachten Schnitte und die in den Schnitten wirkenden Spannungen σ und τ waren ebenfalls nach diesem System ausgerichtet. So bewirkt z. B. eine Normalkraft N und ein Biegemoment M in einem sehr kleinen Element dx · dy Spannungen σ_x gemäß Bild 19.1. Senkrecht dazu wirkende Spannungen σ_y können z. B. aus der Auflast entstehen. Querkräfte Q bewirken in beiden Schnitten Schubspannungen τ, die, wie in Abschnitt 8 ausgeführt, aus Gründen des Gleichgewichtes gegen Verdrehen stets paarweise gleich sind:

$$\tau_{xy} = \tau_{yx} = \tau.$$

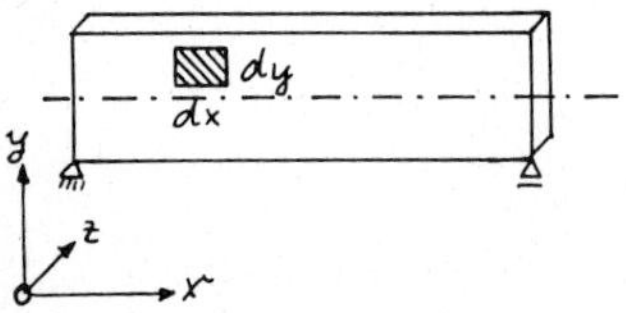

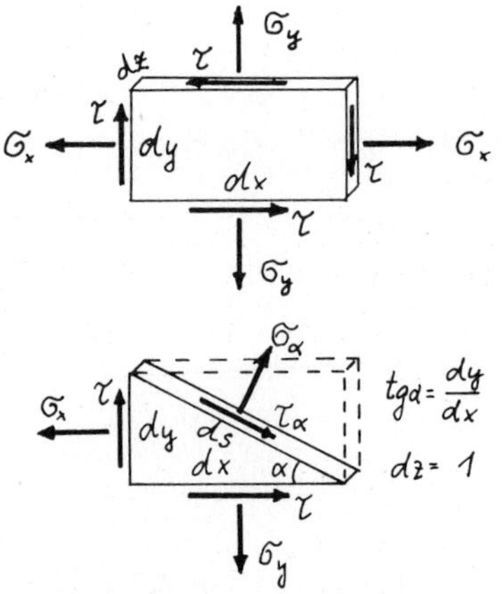

$\Sigma X = 0: \sigma_\alpha \cdot ds \cdot \cos\alpha + \tau_\alpha \cdot ds \cdot \sin\alpha - \sigma_x \cdot dy + \tau \cdot dx = 0$

$\Sigma Y = 0: \sigma_\alpha \cdot ds \cdot \sin\alpha - \tau_\alpha \cdot ds \cdot \cos\alpha - \sigma_y \cdot dx + \tau \cdot dy = 0$

mit $dx = ds \cdot \sin\alpha$; $dy = ds \cdot \cos\alpha$:

$$\boxed{\begin{array}{l} \sigma_\alpha = \sigma_x \cdot \cos^2\alpha + \sigma_y \cdot \sin^2\alpha - 2\tau \sin\alpha \cos\alpha \\ \tau_\alpha = (\sigma_x - \sigma_y) \cdot \sin\alpha \cos\alpha - \tau(\sin^2\alpha - \cos^2\alpha) \end{array}}$$

$\tan\alpha = \dfrac{dy}{dx}$

$dz = 1$

Bild 19.1: Spannungstransformation für geneigte Schnitte

Die Festlegung der Koordinaten und Spannungen senkrecht und parallel zur Stabachse ist zwar rechnerisch einfach, jedoch mechanisch willkürlich. In manchen Fällen ist es hilfreich, stattdessen Schnitte zu betrachten, die um einen Winkel α gegen die Stabachse geneigt sind. Solche Fälle können z. B. sein: Spannungsnachweis in geneigten Fugen, Untersuchung von Spannungsrissen in Wänden und Trägern, sinnvolle Bewehrungsführung im Stahlbetonbau usw.

Spannungen in einem geneigten Schnitt, der den Winkel α gegen die Stabachse einschließt, lassen sich an einem herausgeschnittenen Element bestimmen, für das das Verhältnis der Seiten dy/dx = tgα gilt. Teilt man dieses Element durch einen Diagonalschnitt, so ergeben sich die Spannungen senkrecht und parallel zum geneigten Schnitt aus dem Gleichgewicht in beiden Richtungen gemäß Bild 19.1.

19.2. Hauptspannungen

Untersucht man mehrere Schnitte unter verschiedenen Winkeln α, so ergeben sich jeweils andere Spannungen σ_α und τ_α. Einer dieser Schnitte unter dem Winkel $\alpha = \alpha_0$ ergibt das Maximum der Spannung σ_α : max $\sigma_\alpha = \sigma_1$. Es läßt sich nachweisen, daß die Spannung σ_2 senkrecht zu σ_1 ein Minimum darstellt: min $\sigma_\alpha = \sigma_2$. Außerdem läßt sich nachweisen, daß in diesem Schnitt $\alpha = \alpha_0$ und folglich auch senkrecht dazu die Schubspannung Null ist: $\tau_{\alpha_0} = 0$. (Überprüfen Sie diese Behauptungen!)

Wegen dieser Besonderheiten werden die Spannungen σ_1 und σ_2 "Hauptspannungen", ihre durch α_0 festgelegte Richtung "Hauptspannungsrichtung" genannt. Die Hauptspannungen σ_1 und σ_2 stehen stets senkrecht zueinander.

Durch Bestimmung der Extremwerte max σ_α bzw. für $\tau_\alpha = 0$ ergeben sich die Hauptspannungsrichtung α_0 und die Hauptspannungen σ_1 und σ_2:

$$tg\,2\alpha_0 = \frac{2\tau}{\sigma_x - \sigma_y} \qquad \boxed{\sigma_{1,2} = \frac{\sigma_x + \sigma_y}{2} \pm \sqrt{\left(\frac{\sigma_x - \sigma_y}{2}\right)^2 + \tau^2}}$$

In vielen Fällen, z. B. meistens bei Balken, ist σ_y im Verhältnis zu σ_x so klein, daß mit genügender Genauigkeit $\sigma_y = 0$ angenommen werden kann. Für diesen Sonderfall vereinfachen sich die Gleichungen:

$$\text{Für } \sigma_y = 0: \quad tg\,2\alpha_0 = \frac{2\tau}{\sigma_x} \qquad \boxed{\sigma_{1,2} = \frac{\sigma_x}{2} \pm \sqrt{\left(\frac{\sigma_x}{2}\right)^2 + \tau^2}}$$

Zwei weitere Sonderfälle interessieren in besonderem Maße:

Für $\tau = 0$ wird $\alpha = 0$ und $\sigma_1 = \sigma_x$. Dieser Fall besteht z. B. am unteren bzw. oberen Rand eines Balkens. Dort sind die Hauptspannungen σ_1 also identisch

174   19. Hauptspannungen und Trajektorien

mit den Randspannungen σ_x und verlaufen parallel zum Rand.

Ein weiterer Sonderfall ist mit $\sigma_x = 0$ gegeben. Dafür wird die Hauptspannungsrichtung $\alpha_0 = 45°$ und die Hauptspannung $\sigma_{1,2} = \pm \tau$. Dieser Fall gilt z. B. für die Null-Linie eines Biegebalkens, in der bekanntlich die Biegespannung $\sigma_x = 0$ und die Schubspannung τ maximal ist. In der Null-Linie verlaufen also die Hauptspannungen stets diagonal unter 45° und haben den gleichen Wert wie die Schubspannungen τ, u. z. einmal als Hauptzug- ($+\tau$), senkrecht dazu als Hauptdruck-Spannung ($-\tau$).

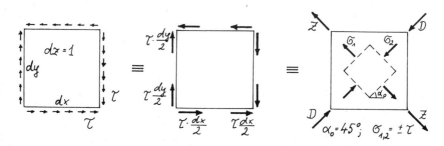

Bild 19.2: Reiner Schubspannungszustand τ = Hauptspannungszustand $\sigma_{1,2}$

Dieser Zustand läßt sich anhand von Bild 19.2 anschaulich machen: Ein quadratisches Element im Bereich der Null-Linie eines Biegebalkens ist nur durch Schubspannungen τ an allen 4 Seiten beansprucht. Die in den 4 Ecken entstehenden Spannungsresultierenden sind so gerichtet, daß sie in der einen Diagonale die schiefe Hauptzug-, in der anderen Diagonale die schiefe Hauptdruckspannung erzeugen.

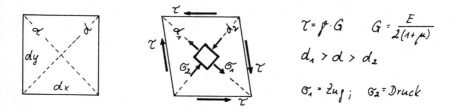

Bild 19.3: Schubverformungen im Schubspannungszustand τ und Hauptspannungen $\sigma_{1,2}$

19.3. Hauptspannungs-Trajektorien

Dieser Effekt läßt sich auch über die Schubverformung verdeutlichen: Unter der Schubspannung τ verformt sich ein rechteckiges Element gemäß Bild 19.3 zum Rhombus mit dem Gleitwinkel γ. Analog zum Hooke'schen Gesetz $\sigma = E \cdot \varepsilon$ gilt für den Gleitwinkel $\tau = \gamma \cdot G$. Hierin bedeutet G den Schubmodul oder Gleitmodul. Elastizitätsmodul E und Schubmodul G sind Material-Konstanten und sind über die Querdehnzahl μ miteinander verknüpft. (Siehe Abschnitt 6.2.3.) Bei der Verzerrung zum Rhombus wird die Diagonale d_1 gedehnt, was der schiefen Hauptzugspannung σ_1 entspricht. Die senkrecht dazu gerichtete Diagonale d_2 wird gestaucht, was die schiefe Hauptdruckspannung σ_2 erklärt. (Siehe Bild 19.6, Modell 21.)

19.3. Hauptspannungs-Trajektorien

Trägt man für mehrere Punkte eines tragenden Elementes, z. B. eines Balkens oder einer Scheibe, die Hauptspannungsrichtungen α_0 sowie $\alpha_0 + 90°$ auf, so lassen sich 2 Kurvenscharen zeichnen, deren Tangentenrichtung in jedem Punkt den Hauptspannungsrichtungen entspricht. Die beiden Kurvenscharen durchdringen sich (trajizieren, Trajektorien) in jedem Punkt unter einem rechten Winkel. Die Kurvenscharen geben die Richtungen an, unter denen die Hauptspannungen σ_1 und σ_2 innerhalb des Tragelementes weitergeleitet werden. Sie werden "Hauptspannungs-Trajektorien" genannt.

Beispiel: Einfeldbalken nach Bild 19.4 unter einer Gleichstreckenlast q, beidseits durch Schubkräfte getragen. Diese Lagerungsart entsteht z. B. bei Balken, die nicht auf Stützen gelagert, sondern zwischen 2 Hauptträger eingehängt werden. Die Spannungstrajektorien zeigen anschaulich die Lastabtragung über Hauptspannungen, die man sich als Druckgewölbe und Zugseile vorzustellen hat.

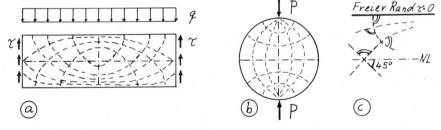

Bild 19.4: Hauptspannungs-Trajektorien
       a) Einfeldbalken unter Gleichstreckenlast q;
       b) Kreisscheibe unter Einzellast P; c) Prinzip

19. Hauptspannungen und Trajektorien

Beispiel: Kreisscheibe unter 2 Einzellasten nach Bild 19.4. Ein derartiges
System entsteht z. B. in der Rolle eines beweglichen Rollenlagers. Auch
hier erkennt man anschaulich den Kraftfluß. Die beiden Druck-Kräfte P ver-
teilen sich längs der Druck-Trajektorien über die gesamte Scheibe. Für die
Umlenkung der Druckspannungen sind quer gerichtete Zugspannungen nötig, die
sich entlang der Zug-Trajektorien aufbauen. Die Scheibe wird also in vertikaler
Richtung auf Druck, in horizontaler Richtung auf Zug beansprucht. Kann diese
Zugkraft (= Spaltzugkraft) nicht aufgenommen werden, wird die Scheibe durch P
wie durch einen Keil gespalten. Dieser Spaltzugkraft-Effekt tritt in ähnlicher
Weise stets bei der Einleitung von Einzelkräften auf. Bei Elementen aus Stahlbeton oder Spannbeton sind diese Spaltzugkräfte durch "Spaltzugbewehrung" zu
decken. Siehe Bild 19.7, Modell 98.

Es gilt folgender Grundsatz: An freien Rändern mit $\tau = 0$ verlaufen die
Trajektorien parallel bzw. senkrecht zum Rand. (Warum?) Ränder und Schnitte
mit $\sigma = 0$, jedoch $\tau \neq 0$ kreuzen die Trajektorien unter $\pm 45°$.

19.4. Bedeutung der Hauptspannungen

Da das Material stets unter der ungünstigsten Beanspruchung versagt, sind
für den Bruch die maximalen Spannungen, also die Hauptspannungen maßgebend.
Insbesondere bei Material mit geringer Zugfestigkeit wie Mauerwerk oder Beton
werden sich die Risse daher in der Richtung der Hauptspannungs-Trajektorien
einstellen. Die Eiseneinlagen zur Aufnahme der Zugspannungen wirken in Richtung
der Hauptzugspannungen, also in Richtung der Zugspannungs-Trajektorien, am
günstigsten.

Beispiel: Stahlbetonträger als Einfeld-Balken nach Bild 19.5.a. In Feldmitte
verlaufen die Risse von unten ausgehend vertikal nach oben. Zum Auflager hin
neigen sie sich jedoch und kreuzen die Null-Linie unter 45°. Die günstigste
Form der Stahlbewehrung ist senkrecht zu den Rissen, also in Richtung der
Zugspannungs-Trajektorien. Eine derartige Bewehrungsführung wird "Trajektorien-
bewehrung" genannt. Da sie sehr aufwendig ist, kann sie nur in besonderen
Fällen, z. B. bei Spannbetonträgern, Anwendung finden. Meistens wird sie ersetzt durch ein Netz von orthogonaler Bewehrung, bestehend aus Bügeln und
Stegbewehrung, oder durch Schrägeisen. Geneigte Hauptzugspannungen sind dann
in Komponenten in Richtung der Eisen zu zerlegen und von diesen aufzunehmen.

19.4. Bedeutung der Hauptspannungen

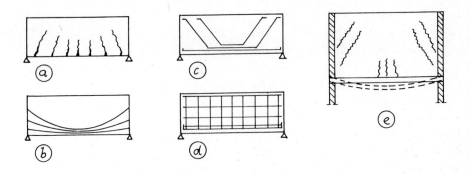

Bild 19.5: Stahlbetonbalken
    a) Rißbild; b) Trajektorienbewehrung;
    c) Schräg- und Längsbewehrung; d) Netzbewehrung;
    e) Rißbild in gemauerter leichter Trennwand auf Deckenplatte

Beispiel: Eine gemauerte leichte Trennwand nach Bild 19.5.b wird von einer Deckenplatte getragen. Verformt sich die Platte plastisch durch Kriechen und Schwinden des Betons, so muß die Wand ihr Eigengewicht selbst zum Auflager übertragen. Bei Überbeanspruchung treten auch hier in Feldmitte vertikale Risse, in der Nähe der Auflager jedoch geneigte Risse auf. Diese Risse verlaufen in Mauerwerk entweder durch die Steine oder abgetreppt entlang der Stoß- und Lagerfugen.

178 19. Hauptspannungen und Trajektorien / 20. Flächentragwerke: Platten, Scheiben, usw.

Bild 19.6: Darstellung der diagonalen Hauptzug- und Hauptdruckspannungen
an einem schubverformten Element
(Modell 21)

Bild 19.7: Horizontale Spaltzugkraft infolge der Ausbreitung einer vertikalen
Einzellast
(Modell 98)

20. Flächentragwerke: Platten, Scheiben, Schalen, Faltwerke

20.1. Begriffe

Die vorausgegangenen Abschnitte beschäftigten sich mit Tragwerken, bei denen 1 Abmessung im Verhältnis zu den beiden anderen Abmessungen groß war. Derartige Elemente werden Stäbe, Träger, Balken genannt.

Unter "Flächentragwerken" versteht man Elemente, bei denen 2 Abmessungen im Verhältnis zur 3. Abmessung groß sind. Ist die Mittelfläche eine Ebene, so spricht man von "Ebenen Flächentragwerken". Sie können als Platten oder als Scheiben verwendet werden:

Wirken die angreifenden Kräfte senkrecht zur Tragwerksebene, so spricht man von Platten; wirken die Kräfte in der Ebene, so handelt es sich um Scheiben. Die Plattentragwirkung entsteht z. B. bei massiven Geschoßdecken, bei Wänden unter Erddruck oder unter anderen horizontalen Kräften usw. Die Scheibentragwirkung tritt z. B. bei Wänden unter vertikalen Lasten, bei wandartigen Trägern oder bei Geschoßdecken, die horizontale Windlasten in ihrer Ebene auf die Wände verteilen, auf.

Sind Flächentragwerke nicht eben, sondern räumlich gekrümmt, so nennt man sie Schalen. Übliche Schalen haben z. B. die Form von Kugelausschnitten, Zylinderausschnitten oder Hyperboloiden. Entsteht die räumliche Form von Flächentragwerken nicht durch kontinuierliche Krümmung, sondern durch Knicke, spricht man von Faltwerken.

Die genaue Berechnung von Flächentragwerken erfolgt üblicherweise nach der Mathematischen Elastizitätstheorie. Sie ist mathematisch anspruchsvoll und würde den Rahmen dieses Buches sprengen. Im folgenden werden daher nur einige grundsätzliche Betrachtungen und Näherungen für die Kraftwirkung behandelt.

20.2. Platten

Platten unterscheidet man nach der Art ihrer Lagerung und der Art ihrer Spannrichtung (einachsig oder zweiachsig gespannt, 2-, 3- oder 4-seitige Lagerung bzw. Einspannung) sowie der Art der Belastung (Flächenlasten, Linien- oder Einzellasten).

20. Flächentragwerke: Platten, Scheiben, Schalen, Faltwerke

Die häufigste Form ist die einachsig gespannte, zweiseitig gelagerte oder eingespannte Platte nach Bild 20.1 unter Gleichflächenlast q. q setzt sich aus dem Eigengewicht g der Platte, aus der zusätzlichen ständigen Last Δg infolge Estrich, Belag, Putz usw., sowie aus der Verkehrslast p zusammen. Üblicherweise denkt man sich die Platte in Streifen der Breite b = 1,0 m geschnitten und behandelt einen derartigen Streifen wie einen Balken. Die Biegemomente haben die Dimension kNm/m, die Auflagerkräfte kN/m.

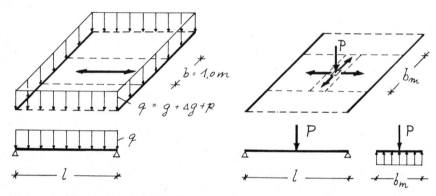

Bild 20.1: Einachsig gespannte Platten
        a) unter Flächenlast q; b) unter Einzellast P

Ist eine Platte durch Einzellasten oder Linienlasten belastet, so wird nicht nur ein Plattenstreifen von der Breite der Einzellast, sondern ein breiter Streifen, nämlich ein Streifen von der "mittragenden Breite b_m" die Last abtragen. Die Verteilung auf die Breite b_m übernimmt ein schmaler Querstreifen der Länge b_m und der Breite $\Delta\ell$ unter der Einzellast nach Bild 20.1. Bei Stahlbetonplatten unter Einzellasten ist also stets eine 2-achsige Bewehrung nötig: Zum einen eine untere Hauptbewehrung in Spannrichtung, zum anderen eine untere Verteilerbewehrung quer zur Spannrichtung. Wirkt die Einzellast in der Mitte der Spannweite ℓ, kann näherungsweise $b_m \cong \frac{2}{3}\ell$ angenommen werden. Wirkt sie näher zum Auflager, ist b_m entsprechend kleiner.

Vierseitig gelagerte Platten nach Bild 20.2 tragen ihre Last in beiden Achsrichtungen ab, sind also 2-achsig gespannt und müssen auch 2-achsig bewehrt werden. Auch hier denkt man sich Plattenstreifen der Breite b = 1,0 m herausgeschnitten und mit einem entsprechenden Teil der Last q belastet. Bei massiven Platten bilden sich nicht nur orthogonale, sondern auch diagonale Streifen und Streifen nahe den Ecken aus. Dadurch werden die Streifen in x- und y-Richtung

entlastet. Bei quadratischen Platten sind daher die Biegemomente in x- und
y-Richtung nicht $q\ell^2/16$, sondern $m_x = m_y = q\ell^2/27$. Diese Momentenwerte sind
für übliche Abmessungen und Lagerbedingungen aus Tabellenbüchern zu entnehmen.
Die diagonalen Streifen, die über die Eckdiagonalen elastisch gelagert sind,
erfordern in den Eckbereichen diagonale Bewehrung oder ersatzweise ein oberes
und unteres kreuzweises Bewehrungsnetz. Die freien Ecken neigen zum Abheben,
da die Diagonalstreifen über die Eckdiagonalen auskragen; biegen sie sich in
Feldmitte durch, so verformen sich die Kragarmenden nach oben. Ist in den
Ecken nicht genügend Auflast, z. B. aus oberen Geschossen, vorhanden, so kann
dieser Effekt zur Rißbildung im Eck-Auflagerbereich führen. (Siehe auch
Bild 20.10, Modell 83.)

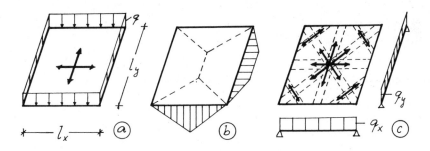

Bild 20.2: Zweiachsig gespannte Platte
 a) System; b) Auflagerkräfte; c) Lastabtragung

Dreiseitig gelagerte Platten treten z. B. bei Decken von Balkonen oder Loggien
auf. Auch hier können sich bei massiven Platten diagonale Streifen gemäß
Bild 20.3 ausbilden, die die Plattenstreifen parallel zum freien Rand stark
entlasten. Momentenwerte sind aus Tabellenbüchern zu entnehmen. (Siehe auch
Bild 20.11, Modell 94.)

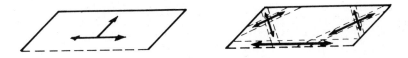

Bild 20.3: Dreiseitig gelagerte Platte; System und Lastabtragung

182   20. Flächentragwerke: Platten, Scheiben, Schalen, Faltwerke

20.3. Scheiben und wandartige Träger

Die Beanspruchung von Scheiben läßt sich näherungsweise so bestimmen, daß man die Verteilung der Lasten innerhalb der Scheibe abschätzt und die Spannungstrajektorien skizziert.

Beispiel: Der einfachste Fall einer Scheibe ist eine Wand nach Bild 20.4.c aus Mauerwerk oder Beton, die am oberen Rand durch vertikale Streckenlasten, z. B. aus Geschoßdecken oder aus darüber befindlichen Geschossen, belastet ist. Ähnlich wie bei Platten denkt man sich die Wand in vertikale Streifen der Breite b = 1,0 m aufgeteilt, die wie Stützen oder wandartige Pfeiler berechnet werden. Wird die Wand außerdem durch horizontale Kräfte senkrecht zur Wandebene belastet, z. B. infolge Wind oder Erddruck, so entsteht hieraus eine Plattenbeanspruchung, die mit der Scheibenbeanspruchung zu überlagern ist.

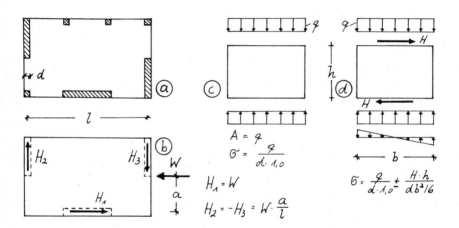

Bild 20.4: Scheibenbeanspruchung
  a) Gebäudegrundriß; b) Deckenscheibe unter Windlast W und Festhaltekräfte H; c) Wand unter vertikaler Last q;
  d) Wand als Windscheibe unter vertikaler Last q und unter horizontaler Last H

Beispiel: Das in Bild 20.4.a im Grundriß dargestellte Gebäude erhalte eine Windlast W, die von den 3 Wandscheiben aufzunehmen ist. Die Geschoßdecke muß die angreifende Last W übernehmen. Als Festhaltekräfte bilden sich die horizontalen Kräfte H_1, H_2 und H_3 aus. Da die Kräfte W und H in Deckenebene wirken, entsteht in der Geschoßdecke ein Scheibenspannungszustand. Er überlagert sich der Plattenbeanspruchung aus den vertikalen Lasten auf die Decke.

Beispiel: Die 3 Windscheiben nach Bild 20.4.a erhalten außer der vertikalen Belastung q noch Windlasten H am oberen Rand, die nach Bild 20.4.d am unteren Rand das Moment M = H · h erzeugen. Die Beanspruchung der Wand setzt sich also aus einem Normalkraftanteil infolge q und einem Biegeanteil infolge M zusammen. Die Horizontalkraft H zur Aussteifung des Gebäudes gegen Wind wirkt in Scheiben-(=Wand)ebene und ist nicht zu verwechseln mit Windlasten senkrecht zur Wandebene, z. B. bei Außenwänden, die unmittelbar vom Wind belastet werden und dadurch Plattenbeanspruchung erhalten.

Beispiel: Ein wandartiger Pfeiler nach Bild 20.5.a sei durch eine Einzellast P mittig belastet. Die Last verteilt sich über die Pfeilerbreite b. Nimmt man näherungsweise an, daß sich die Last beidseits je zur Hälfte unter der Neigung 1 : 2 ausbreitet, so ergibt sich die Spaltzugkraft $Z \cong P/4$. Sie wirkt im Abstand von ungefähr b/2 vom oberen Rand. Ist in diesem Bereich nicht genügend horizontale Bewehrung vorhanden, so bewirkt die Spaltzugkraft vertikale Risse. (Siehe hierzu auch die Bilder 19.4 und 19.7.

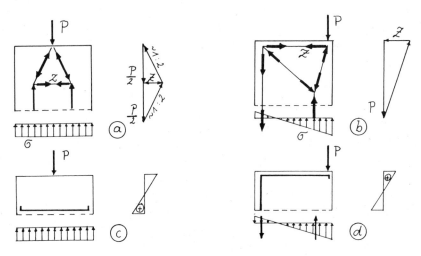

Bild 20.5: Scheiben unter Einzellast, Kraftausbreitung und Spaltzugkräfte
        a) Mittige Last P;   b) Randlast P;   c) und d) Ersatzbalken

Beispiel: Eine Wand sei nach Bild 20.5.b an ihrem Rand durch eine Einzellast P belastet. Auch hier breitet sich die Last über die Wandbreite aus. Die hierfür erforderliche Umlenkkraft wirkt als Spaltzugkraft am oberen Rand. Genauere Untersuchungen haben ihre Größe zu $Z \cong P/3$ ergeben. Die entsprechende Spaltzugbewehrung ist in diesem Fall am oberen Rand einzulegen.

Derartige Spaltzugkräfte treten stets in Scheiben, die durch Einzellasten belastet sind, auf. Beispiele sind Wände, auf die sich Unterzüge, Fensterstürze, Stützen auflagern. Bei Spannbetonträgern wirkt die Endverankerung der Spannglieder ebenfalls als Einzellast. Der Verankerungsbereich ist daher stets sorgfältig für solche Spaltzugkräfte zu bewehren. Die Spaltzugbewehrung entspricht der Biegebewehrung von Balken, die man sich zur besseren Anschauung als lastverteilender Streifen aus dem oberen Bereich der Scheibe herausgeschnitten denken kann: Nach Bild 20.5.c und d erhält der Balken unter mittiger Einzellast ein positives Moment mit unterer Bewehrung; unter Einzellast am Rand wirkt der Balken als Kragarm mit oberer Kragbewehrung.

Bei Mauerwerk wird die Spaltzugkraft im allgemeinen durch den Verband des Mauerwerkes und durch die Zugfestigkeit der Steine übernommen. Bei Randbelastung, z. B. infolge der Auflagerkraft von Fensterstürzen, wirkt der Ringanker oder die Geschoßdecke als oberes Zugband.

Auch bei wandartigen Trägern treten Scheibenspannungszustände auf. (Modell 53). Ist nämlich die Trägerhöhe größer als die halbe Stützweite, wird die Technische Biegelehre mit der Annahme linearer Spannungsverteilung zu ungenau und kann zu Schäden führen. Auch hier ist die Abschätzung der Spannungstrajektorien hilfreich.
(Weiterführender Hinweis: Über die Grenzen der Technischen Biegelehre bei der Anwendung auf Flächentragwerke siehe z. B.: Mann, W.: Die Anwendung der Technischen Biegelehre auf Scheiben und Schalen. Der Bauingenieur 1972, Seite 164).

Beispiel: Wandartiger Einfeldträger nach Bild 20.6.a. Innerhalb der Scheibe bildet sich ein Gewölbe mit Zugband aus, das nur den unteren Bereich der Scheibe erfaßt. Der innere Hebelarm der Biegedruck- und -zugkraft kann zu ungefähr 0,7 l angenommen werden. Die darüber befindlichen Scheibenbereiche tragen nicht wesentlich zur Lastabtragung bei. Die Annahme einer linearen Spannungsverteilung über die gesamte Scheibenhöhe würde den inneren Hebelarm überschätzen und die auftretenden Spannungen unterschätzen. Schwere Schäden könnten die Folge sein.

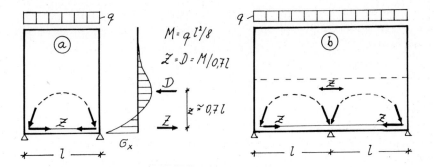

Bild 20.6: Wandartige Träger unter Streckenlast q
   a) Einfeldträger; b) Zweifeldträger

Beispiel: Wandartiger Mehrfeldträger nach Bild 20.6.b. Auch hier wird die Belastung nur über einen unteren Streifen abgetragen. Der innere Hebelarm der Biegedruck- und -zugkräfte ist wiederum nur ~ 0,7 l, die obere Stützbewehrung über der Mittelstütze ist nicht am oberen Scheibenrand, sondern entsprechend niedrig einzulegen.

20.4. Schalen

Schalen sind räumlich wirkende Flächentragwerke, deren Mittelfläche entweder einfach oder doppelt gekrümmt ist. Trotz dünner Schalendicke ermöglicht die räumliche Tragwirkung große Spannweiten, so daß leichte und leicht wirkende, materialsparende Konstruktionen möglich sind. Trotz dieses statischen Vorteils und trotz architektonisch ansprechender Formen werden Schalen heute relativ selten gebaut, da ihre Herstellung vor allem wegen der aufwendigen Schalarbeiten teuer ist. Im folgenden werden einige übliche Schalentypen vorgestellt:

Zylinderschalen sind einachsige gekrümmte Tragwerke, deren Querschnitt meistens die Form eines Kreises oder eines Kreisausschnittes, gelegentlich auch einer Parabel oder Hyperbel hat. Als Behälter verwendet man gerne geschlossene Kreiszylinderschalen nach Bild 20.7.a, da der hydrostatische Druck von der Behälterwand nur durch Ringzugkräfte Z, also ohne Biegemomente, aufgenommen werden kann. Einen derartigen Zustand, bei dem Biegemomente keine oder nur untergeordnete Bedeutung gegenüber den in Schalenebene wirkenden Kräften hat, nennt man "Membranspannungszustand". Er ist statisch besonders günstig und ermöglicht geringe Schalendicken.

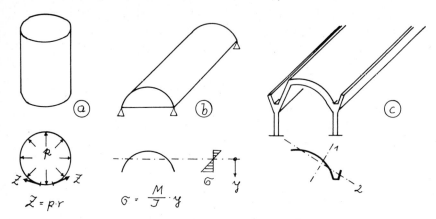

Bild 20.7: Zylinderschalen
    a) Behälter unter Wasserdruck; b) Tonnenschale; c) Shedschale

Ausschnitte aus Zylinderschalen werden als Dachtragwerke verwendet. Die Haupttragrichtung verläuft in Richtung der Erzeugenden. Die Schale kann näherungsweise als Balken mit kreisförmigem Querschnitt angesehen werden. Trotz geringer Schalendicke ergibt die räumliche Form ein großes Trägheits- und Widerstandsmoment um die Hauptachse, so daß eine statisch günstige Tragwirkung entsteht. In Querrichtung treten geringe Biegemomente aus der Lastverteilung auf, durch die die Schale wie eine Platte beansprucht wird. (Siehe hierzu auch weiterführenden Hinweis auf Seite 184.)

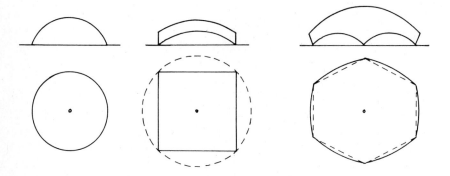

Bild 20.8: Kugelschalen über rundem, vier- und sechseckigem Grundriß

Doppelt gekrümmte Schalen sind z. B. als Rotationsschalen, insbesondere als Kugelschalen, üblich. Die doppelte Krümmung ermöglicht ein sehr günstiges Tragverhalten. (Modelle 118 bis 125). Kugelschalen können nach Bild 20.8 entweder kontinuierlich längs eines horizontalen Kreises oder punktförmig gelagert sein. Grundrisse in der Form eines Kreises, Dreieckes, Viereckes, Sechseckes sind damit möglich.

Neben den dargestellten häufigsten Schalentypen gibt es nahezu unbeschränkte Möglichkeiten zur Ausbildung von weiteren Schalenformen, z. B. Hyperboloide, Durchdringungen, Hängeschalen und vieles mehr. Hierauf kann in diesem Rahmen nicht näher eingegangen werden.

20.5. Faltwerke

Faltwerke wirken ähnlich wie Schalen, wobei die räumliche Form durch Knicke entsteht. (Modelle 116 und 117). Sie werden also aus einer Summe von ebenen Flächen zusammengefügt. Die einzelnen Ebenen erhalten aus der äußeren Belastung (Eigengewicht, Wind, Füllgut usw.) senkrecht zur Ebene wirkende Lasten, die sie als Platten beanspruchen und so zu den Kanten abtragen. Im Gesamttragwerk bilden sich Kräfte, die in den Ebenen wirken, also einen Scheibenspannungszustand erzeugen. Diese beiden Zustände überlagern sich. In Bild 20.9 sind einige typische Faltwerksformen dargestellt.

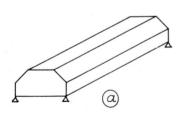 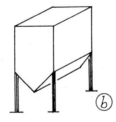 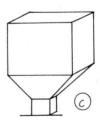

Bild 20.9: Faltwerke
    a) Faltwerktonne als Dach
    b) Prismatisches Faltwerk als Silo
    c) Pyramidenartiges Faltwerk als Abfangung

188 20. Flächentragwerke: Platten, usw. / 21. Dynamische Beanspruchung von Tragwerken

Bild 20.10: Lastabtragung bei 4-seitig gelagerten Platten.
Abheben der freien Ecken durch auskragende Diagonalstreifen
(Modell 83)

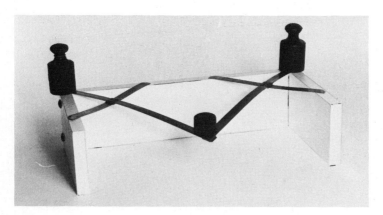

Bild 20.11: Dreiseitig gelagerte Platten. Entlastung der Streifen parallel
zum freien Rand durch Diagonalstreifen
(Modell 94)

21. Dynamische Beanspruchung von Tragwerken

21.1. Allgemeine Grundlagen

Bauwerke werden im Regelfall durch statische Lasten beansprucht. Hierunter versteht man Lasten, die sich während der Bestandszeit eines Bauwerkes nicht ändern, also z. B. Eigengewichte, oder Lasten, die sich nur langsam oder selten ändern, z. B. übliche Verkehrslasten aus dem Gewicht von Personen, Mobiliar, leichten Trennwänden, oder Schneelasten, Erddruck, hydrostatischer Druck aus Grundwasser o. ä.

Seltener sind dynamische Beanspruchungen, die Bauwerke auf zwei Arten belasten können: Plötzlich oder stoßartig auftretende Lasten, z. B. infolge fallender Massen oder aus dem Anprall von Massen auf Stützen oder Wände, und rasch sich ändernde, in kurzen Zeitabständen sich wiederholende Lasten, die das Bauwerk zum Schwingen anregen. Typische Fälle dafür sind Schwingungsübertragung aus der Unwucht von Maschinen, häufig wechselnde Verkehrslast auf Brücken, Schwingung turmartiger Bauwerke infolge von Windböen, Erdbebenwirkung, Läuten von Glocken usw.

Die Grundlage aller dynamischen Untersuchungen ist das Grundgesetz der Dynamik von Newton:

$$\boxed{\begin{array}{l} \text{Kraft} = \text{Masse} \times \text{Beschleunigung} \\ K \;\;= \;\; m \;\; \times \;\; b \end{array}}$$

Die bekannteste und häufigste Kraft ist die Erdanziehungskraft, die das Eigengewicht der Massen bewirkt. Mit der konstanten Erdbeschleunigung $g = 9{,}81 \, m/sec^2$ ist der Zusammenhang zwischen Masseneinheit 1 kg und der Krafteinheit 1 N gegeben: Die Masse 1 kg erhält infolge der Erdbeschleunigung ihr Eigengewicht auf der Erdoberfläche $G = 1 \times 9{,}81 = 9{,}81$ N. (Unabhängig von der Richtigkeit dieses Zusammenhanges bleibt es fraglich, ob die so definierten Einheiten der Masse und der Kraft vernünftig und im Alltag praktikabel sind. Die früher übliche Krafteinheit 1 kp = 9,81 N war zweifellos anschaulicher und einfacher zu handhaben, da Masse und Eigengewicht auf der Erdoberfläche mit der gleichen Zahl bezeichnet werden konnten: Die Masse 1 kg wog das Eigengewicht 1 kp).

Der Zusammenhang zwischen der Beschleunigung b einer Masse und ihrer Geschwin-

21. Dynamische Beanspruchung von Tragwerken

digkeit v sowie dem Weg s, den sie in einer gewissen Zeit zurücklegt, ist in Bild 21.1 dargestellt.

Beschleunigung = Zuwachs an Geschwindigkeit v pro Zeiteinheit dt

Geschwindigkeit = Zuwachs an Weg s pro Zeiteinheit dt

$$b = \frac{dv}{dt} = \dot{v}$$

$$v = \frac{ds}{dt} = \dot{s}$$

$$b = \frac{d^2s}{dt^2} = \ddot{s}$$

$$v = \int b \, dt$$

$$s = \int v \, dt = \iint b \, dt \, dt$$

Sonderfall: $b = \text{const} = g = 9{,}81 \, m/sec^2$

$$v = \int g \, dt = g t$$

$$s = \int v \, dt = \frac{g}{2} t^2$$

$t =$	0	1	2	3 sec
$s =$	0	5	20	45 m

Bild 21.1: Allgemeiner Zusammenhang zwischen Beschleunigung b,
Geschwindigkeit v und Weg s;
Sonderfall einer konstanten Beschleunigung g = Freier Fall

Beispiel: Der freie Fall. Steht eine Masse m nicht im Gleichgewicht, da sie z. B. nicht auf einer Unterlage ruht, sondern fallen gelassen wird, so wird sie durch die Erdanziehungskraft beschleunigt. Mit der konstanten Erdbeschleunigung g erhält sie im Idealfall eines luftleeren, nicht bremsenden Raumes nach Bild 21.1 die Geschwindigkeit v und legt den Fallweg s zurück. Der Fallweg vergrößert sich somit nicht linear, sondern quadratisch mit der Fallzeit.

Die Behandlung dynamischer Probleme ist mathematisch anspruchsvoll. Im Rahmen dieses Buches können deshalb nur einige wenige Probleme im Grundsatz angesprochen werden.

21.2. Stoßartige und fallende Lasten

Fällt ein Körper auf eine Unterlage oder prallt ein Fahrzeug gegen eine Wand, so wird seine Masse m abrupt gebremst; es tritt also eine sehr hohe negative Beschleunigung b ein. Die dadurch auf die Unterlage oder auf die Wand ausgeübte Kraft $K = m \cdot b$ kann ein Vielfaches des Eigengewichtes des Körpers betragen.

Derartige Stoßlasten können an einem idealisierten System nach Bild 21.2 berechnet werden. Die elastischen Verformungen beim Zusammenprall werden durch eine Feder dargestellt. Es ist zu beachten, daß die Federsteifigkeit nicht nur die Elastizität der Unterlage bzw. der bremsenden Wand, sondern auch die Zusammendrückbarkeit des fallenden Körpers bzw. des anprallenden Fahrzeugs enthalten muß. Geringe Verformbarkeit ergibt eine hohe Federsteifigkeit c.

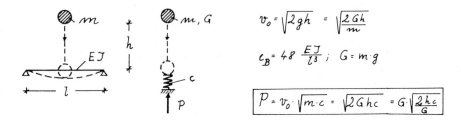

Bild 21.2: Der elastische Stoß: Aufprall-Last P einer Masse m auf einen elastischen Balken der Federsteifigkeit c_B oder auf eine Feder der Steifigkeit c

Beispiel: Eine Person springt von einem Tisch auf eine relativ starre Unterlage. Die Federsteifigkeit c ergibt sich also vorwiegend aus dem Abfedern der Person in ihren Gelenken. Die Aufprall-Last P konnte bis zum 7-fachen Körpergewicht G gemessen werden. Beim Aufprall starrer Lasten, z. B. massiver Stahlgewichte, aus 1 m Höhe ergeben sich je nach Elastizität der Unterlage 30- bis 100-fache Eigengewichtslasten als Aufprall-Last.
(Weiterführender Hinweis: Über einen Schadensfall und über Versuche ist z. B. berichtet in: Mann, W.: Stoßkräfte aus fallenden Lasten und Personen ..., Bautechnik 1979, Seite 169.)

21.3. Schwingung und Resonanz

Wird ein biegesteifer Körper, z. B. ein auskragender Balken nach Bild 21.3, durch eine Kraft P ausgelenkt und danach freigelassen, so bewirkt die durch die Auslenkung gespeicherte Energie, daß er zurückfedert. Zu diesem Zweck wird die Masse des Balkens in Richtung Ursprungslage beschleunigt. Der Balken erreicht seine Ursprungslage mit einer gewissen Geschwindigkeit, die ihn über die Ursprungslage hinausschießen läßt; dieser Vorgang wiederholt sich mehrere Male in beiden Richtungen: Der Balken pendelt oder schwingt. Diese Schwingung erfolgt mit einer gewissen Frequenz, der sogenannten "Eigenfrequenz", die in Schwingungen pro Zeiteinheit gemessen wird. Die Eigenfrequenz ist abhängig

21. Dynamische Beanspruchung von Tragwerken

von der Biegesteifigkeit EJ des Balkens: Je größer die Biegesteifigkeit ist, umso größer ist seine Eigenfrequenz, umso schneller schwingt er.

Bild 21.3: Schwingender Stab, erregt durch P;
Erregung durch Glocken oder durch Unwucht eines rotierenden Rades

Wirkt die auslenkende Kraft P nicht einmalig, sondern wiederholt, und wirkt sie im gleichen Rhythmus wie die Schwingung des Balkens, ist also die Eigenfrequenz des Balkens gleichgroß oder ein Vielfaches der Frequenz der Erregerkraft P, so spricht man von "Resonanz".

Die Resonanz von Erregerfrequenz und Eigenfrequenz kann für Bauwerke sehr gefährlich werden. Schon sehr kleine Kräfte können, wenn sie häufig und im gleichen Rhythmus wie die Eigenfrequenz des Baukörpers wirken, zum "Aufschaukeln" der Verformungen mit entsprechend großen Massenkräften und zu großen Schäden führen.

Beispiel: Ein Kirchturm schwingt mit einer gewissen Eigenfrequenz. Man kann sie messen, indem man den Turm durch rhythmische Bewegungen in Schwingungen versetzt und die Zahl dieser Schwingungen pro Minute mißt. Das Geläute auf einem Kirchturm besteht üblicherweise aus mehreren Glocken. Schwingt eine dieser Glocken, z. B. die kleinste Glocke, mit der gleichen Frequenz wie der Turm, so gibt die Glocke dem Turm bei jeder Auslenkung einen weiteren Stoß in Richtung der Auslenkung und vergrößert damit seine Verformung. Dieser Resonanzfall kann daher zu schweren Schäden am Bauwerk bis hin zur Einsturzgefahr führen. Die gleiche gefährliche Erscheinung kann bei turmartigen Bauwerken unter Windlast auftreten, wenn die Erregerfrequenz der Windböen in Resonanz mit der Eigenfrequenz des Turmes steht.

Beispiel: Eine Maschine mit einem Schwungrad wird infolge der Unwucht des Rades Fliehkräfte erzeugen, die mit der Frequenz der Radumdrehung radial wirken. Dadurch werden horizontale und vertikale Kräfte in stets gleichem Rhythmus auf

21.4. Wirkung von Erdbeben

das Maschinenfundament abgegeben. Steht diese Erregerfrequenz in Resonanz mit der Eigenfrequenz des Fundamentes, so kann sich das Eigengewicht des Fundamentes als Massenkraft vervielfachen und entsprechende Schäden am Bauwerk erzeugen.

Es ist daher eine der wichtigsten Aufgaben der Baudynamik, die Eigenfrequenz von Baukörpern zu bestimmen bzw. die Steifigkeit der Baukörper so zu wählen, daß ihre Eigenfrequenz nicht in Resonanz mit der Erregerfrequenz gerät.

21.4. Wirkung von Erdbeben

Erdbeben entstehen durch schlagartige Brüche und Verformungen der Erdscholle. Die freiwerdende Energie pflanzt sich stoßartig in der Erdkruste fort. Die Erdoberfläche wird dabei in Schwingungen versetzt, so daß vorwiegend horizontale, aber auch vertikale Beschleunigungen und Verformungen entstehen. Bei besonders schweren Erdbeben wurden horizontale Beschleunigungen bis fast zur Größenordnung der Erdbeschleunigung g gemessen. Für die Bemessung von Bauwerken in Erdbebengebieten wird je nach Gefährdung mit Beschleunigungen von 5 bis 20 % von **g** gerechnet.

Da die Bauwerke über ihre Fundamente fest mit der Erdoberfläche verbunden sind, überträgt sich deren Beschleunigung auf die Bauwerke. (Modell 127). Die Masse der so beschleunigten Bauteile verursacht entsprechend Bild 21.4 Kräfte nach dem Gesetz K = m · b. Besonders gefährlich sind horizontale Beschleunigungen und dadurch verursachte Kräfte, die u. U. wesentlich größer als die Windlasten werden können.

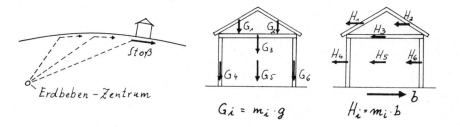

Bild 21.4: Wirkung einer Erdbeben-Beschleunigung b

21. Dynamische Beanspruchung von Tragwerken

Erdbeben vollziehen sich nicht als einmaliger Stoß, sondern als schwingende Bewegung der Erdoberfläche. Je nach Steifigkeit und nach Eigenfrequenz des Bauwerkes kann sich daher die Kraftwirkung wie bei einem in Resonanz befindlichen Kirchturm aufschaukeln oder umgekehrt durch Dämpfung abbauen.

Oberster Grundsatz für Bauwerke in Erdbebengebieten ist daher geringe Masse, damit die Kräfte unter Erdbebenbeschleunigung gering bleiben, und möglichst gute Aussteifung zur Aufnahme der horizontalen Kräfte.

21.5. Materialverhalten unter dynamischer Belastung

Es ist bekannt, daß die Baumaterialien sich unter dynamischer, also unter häufig wechselnder Belastung anders verhalten als unter statischer Belastung. Als Beispiel sei das Verhalten von Stahl genannt.

Wird ein Stahlstab unter einer sich langsam und kontinuierlich steigernden Last bis zum Bruch beansprucht, so ergibt sich seine Bruchfestigkeit β aus dem Verhältnis von Bruchlast zu Querschnittsfläche.

Wird ein Stab aus gleichem Material einer dynamischen Belastung ausgesetzt, also einer sehr häufig wiederholten Be- und Entlastung, wobei die Spannung nur auf einen Teil der Bruchfestigkeit β gesteigert wird, so kann dennoch nach einer bestimmten Zahl von Lastspielen der Bruch eintreten. Das Material "ermüdet" also bei häufig wiederholter Belastung. Die Bruchflächen haben einen anderen Charakter als bei statischem Bruch.

Ein derartiger "Dauerbruch" oder "Ermüdungsbruch" ist sehr gefürchtet, da er sich nicht, wie der statische Bruch, durch größere Verformungen ankündigt und deshalb schlagartig auftritt.

Um die Eignung der einzelnen Stahlsorten für dynamische Beanspruchung zu testen, werden Dauerschwingversuche durchgeführt. Hierbei wird der Stahl häufig wiederholt auf einen Teil seiner Bruchfestigkeit β, z. B. auf 0,8 β, gespannt, danach entlastet, wieder gespannt usw. Man zählt die Zahl der Lastspiele n, bei der er unter dieser dynamischen Belastung versagt. Danach wird der Versuch mit anderen Laststufen wiederholt. Die Ergebnisse werden in ein Diagramm nach Bild 21.5 eingetragen. Verbindet man die einzelnen Punkte, erhält man die sogenannte Wöhler-Linie. Sie nähert sich asymptotisch einem Grenzwert, der als "Dauerfestigkeit σ_d" bezeichnet wird. Der Dauerversuch wird meist bei $2 \cdot 10^6$ Lastspielen abgebrochen. Das bedeutet, daß als Dauerfestigkeit angenähert diejenige Spannung bezeichnet wird, die vom Stahl in $2 \cdot 10^6$ Lastspielen getragen wurde.

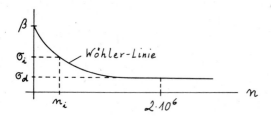

Bild 21.5: Dauerfestigkeit von Stahl. Bei einer Wechselbeanspruchung σ_i werden n_i Lastspiele ertragen.

Auch alle anderen Baustoffe zeigen einen Abfall der Festigkeit unter dynamischer Beanspruchung.

Anhang

Die folgenden Seiten enthalten einen Auszug aus Vorschriften und Tabellenwerken, die zur Anwendung auf Übungsbeispiele gedacht sind.
Für praktische statische Berechnungen wird auf die detaillierten Vorschriften und Bautechnischen Tabellenwerke verwiesen.

Beispiele von Bezeichnungen und Einheiten

Umrechnung von neuen in alte Einheiten

Eigengewichte von Baustoffen

Verformungskennwerte von Baustoffen

Zulässige Spannungen von Baustoffen

Beschränkung der Durchbiegungen

Statische Werte von Einfeldträgern

Statische Werte von Durchlaufträgern

Knickzahlen ω

Profiltafeln I-, IPB-, U-Profile

Profiltafeln Kreis-, Quadrat-, Rechteckrohr

Profiltafeln Rechteckquerschnitte

Beispiele für Bezeichnungen und Einheiten

Länge l	1 m	= 100 cm	= 1000 mm	
Fläche F oder A	1 m^2	= 10^4 cm^2	= 10^6 mm^2	
Volumen V	1 m^3	= 10^6 cm^3	= 10^9 mm^3	
Masse m	1 kg	= 1000 g		
Beschleunigung b	1 m/sec^2	= 100 cm/sec^2		
Einzellast P	1 MN	= 1000 kN	= 10^6 N	
Linienlast q	1 MN/m	= 1000 kN/m	= 10^4 N/cm	
Flächenlast q	1 MN/m^2	= 1000 kN/m^2		
Normal- oder Längskraft N	1 MN	= 1000 kN	= 10^6 N	
Querkraft Q	1 MN	= 1000 kN	= 10^6 N	
Biegemoment M	1 MNm	= 1000 kNm	= 10^8 Ncm	
Torsionsmoment M_t	1 MNm	= 1000 kNm	= 10^8 Ncm	
Längsspannung σ	1 MN/m^2	= 1000 kN/m^2	= 0,1 kN/cm^2	= 1 N/mm^2
Schubspannung τ	1 MN/m^2	= 1000 kN/m^2	= 0,1 kN/cm^2	= 1 N/mm^2
Elastizitätsmodul E	1 MN/m^2	= 1000 kN/m^2	= 0,1 kN/cm^2	= 1 N/mm^2
Dehnung ϵ	m/m	= 1		
Temperaturdehnzahl α_t	K^{-1}	$\hat{=}$ 1 / °C		
Trägheitsmoment I	m^4	= 10^8 cm^4		
Widerstandsmoment W	m^3	= 10^6 cm^3		

Umrechnung von neuen in alte Einheiten:

Kraft:	1 N	$\hat{=}$ 98,1 p	$\approx$ 100 p	
	1 kN	$\hat{=}$ 98,1 kp	$\approx$ 100 kp	
Spannung:	1 N/mm^2	$\hat{=}$ 9,81 kp/cm^2	$\approx$ 10 kp/cm^2	
	1 kN/m^2	$\hat{=}$ 98,1 kp/m^2	$\approx$ 100 kp/m^2	

198 Anhang

EIGENGEWICHTE von BAUSTOFFEN in kN/m^3

Stahl	78,5	Mauerwerk aus	
Normalbeton	24	Gasbetonstein 0,6	8
Stahlbeton	25	Bimshohlblock 1,0	12
Nadelholz	6	Mauerziegel 1,4	15
Laubholz	8	Kalksandstein 1,6	17
Kalkmörtel	18	Klinker 2,0	20
Sand, Kies	19	Granit	28
Ton, Lehm	21	Basalt	30

VERFORMUNGSKENNWERTE von BAUSTOFFEN

Elastizitätsmodul E, Wärmedehnungskoeffizient α_t,
Schwindmaß c_s, Kriechbeiwert φ .

	$E \cdot$ N/mm^2	α_t K^{-1}	ε_s	φ
Stahl, alle Sorten	$2,1 \cdot 10^5$	$1,2 \cdot 10^{-5}$	—	—
Nadelholz parallel zur Faser senkrecht z. Faser	$1,0 \cdot 10^4$ $0,03 \cdot 10^4$	$0,5 \cdot 10^{-5}$	$10 \cdot 10^{-5}$ $120-240 \cdot 10^{-5}$	1 - 2
Beton B 15 B 35 B 55	$2,6 \cdot 10^4$ $3,4 \cdot 10^4$ $3,9 \cdot 10^4$	$1,0 \cdot 10^{-5}$	$10 - 40 \cdot 10^{-5}$	1,5 - 2,5
Mauerwerk aus Mauerziegel Kalksandstein Gasbeton Leichtbeton	$6 - 24 \cdot 10^3$ $6 - 12 \cdot 10^3$ $2 - 5 \cdot 10^3$ $2 - 5 \cdot 10^3$	$0,6 \cdot 10^{-5}$ $0,8 \cdot 10^{-5}$ $0,8 \cdot 10^{-5}$ $1,0 \cdot 10^{-5}$	$\pm 10 \cdot 10^{-5}$ $20 \cdot 10^{-5}$ $20 \cdot 10^{-5}$ $20 - 40 \cdot 10^{-5}$	0,75 1,5 - 2,0 1,5 - 2,0 1,5 - 2,0

Anhang 199

ZULÄSSIGE SPANNUNGEN von BAUSTOFFEN in N/mm^2

Nadelholz Güteklasse II:

    Biegung   10
    Zug ∥ Faser   8,5
    Druck ∥ Faser 8,5
    Druck ⊥ Faser 2,0
    Schub   0,9

Stahl im Hauptlastfall	St.37	St.52
Druck	140	210
Zug	160	240
Schub	92	139

Mauerwerk auf Druck bei Mörtelgüte		II	IIa	III
Steinfestigkeit	2	0,5	0,6	0,6
	6	0,9	1,0	1,2
	12	1,2	1,4	1,6
	20	1,6	1,9	2,2
	28	2,2	2,5	3,0

Rechenwerte β_R der Betondruckfestigkeit in N/mm^2:

Betongüte	B 15	B 25	B 35	B 45	B 55
Rechenwert β_R	10,5	17,5	23	27	30

BESCHRÄNKUNG der DURCHBIEGUNGEN

Holz und Stahl:

$$\text{erf } I \; [\text{cm}^4] = c \cdot \text{maxM} \cdot l$$

$$\text{maxM} = \frac{ql^2}{8} \; [\text{kNm}]; \quad l \; [\text{m}]$$

System			Stahl			Holz		
	f/l =	$\frac{1}{200}$	$\frac{1}{300}$	$\frac{1}{500}$	$\frac{1}{200}$	$\frac{1}{300}$	$\frac{1}{500}$
⊿——⊿	c =	9,91	14,9	24,8	208	313	520
▨——⊿	c =	4,12	6,19	10,3	86,5	130	216

Stahlbeton: $\quad h \geq \dfrac{l_i}{35} \quad$ oder $\quad h \geq \dfrac{l_i^2}{150}$

$l_i = l \; [\text{m}] \quad\quad l_i = 0,8\, l \quad\quad l_i = 0,6\, l$

STATISCHE WERTE von EINFELDTRÄGERN

mit konstanter Biegesteifigkeit EI

Systeme: simply supported beam with span l, supports A, B, deflection f — oder — beam with end moments M_A, M_B

System	A	B	M_{Feld}	M_A	M_B	f
gleichmäßige Last q, beidseitig gelenkig	$\dfrac{ql}{2}$	$\dfrac{ql}{2}$	$\dfrac{ql^2}{8}$	—	—	$\dfrac{5}{384}\cdot\dfrac{ql^4}{EI}$
Dreieckslast q_0	$\dfrac{q_0 l}{4}$	$\dfrac{q_0 l}{4}$	$\dfrac{q_0 l^2}{12}$	—	—	$\dfrac{1}{120}\cdot\dfrac{q_0 l^4}{EI}$
Einzellast P Mitte	$\dfrac{P}{2}$	$\dfrac{P}{2}$	$\dfrac{Pl}{4}$	—	—	$\dfrac{1}{48}\cdot\dfrac{Pl^3}{EI}$
P, $\alpha=\dfrac{a}{l}$	$\dfrac{Pb}{l}$	$\dfrac{Pa}{l}$	$\dfrac{Pab}{l}$	—	—	$\dfrac{1}{48}\cdot\dfrac{Pl^3}{EI}\cdot(3\alpha-4\alpha^3)$
Randmoment M_A	$-\dfrac{M_A}{l}$	$+\dfrac{M_A}{l}$	$M_A\left(1-\dfrac{x}{l}\right)$	M_A	—	$\dfrac{1}{15{,}6}\cdot\dfrac{M_A l^2}{EI}$
Kragträger, Gleichlast q	ql	—	—	$-\dfrac{ql^2}{2}$	—	$\dfrac{1}{8}\cdot\dfrac{ql^4}{EI}$
Kragträger, Einzellast P	P	—	—	$-Pl$	—	$\dfrac{1}{3}\cdot\dfrac{Pl^3}{EI}$
Einseitig eingespannt, Gleichlast q	$\dfrac{3}{8}\cdot ql$	$\dfrac{5}{8}\cdot ql$	$\dfrac{9}{128}\cdot ql^2$	—	$-\dfrac{ql^2}{8}$	$\dfrac{2}{369}\cdot\dfrac{ql^4}{EI}$
Einseitig eingespannt, P Mitte	$\dfrac{5}{16}\cdot P$	$\dfrac{11}{16}\cdot P$	$\dfrac{5}{32}Pl$	—	$-\dfrac{3}{16}\cdot Pl$	$\dfrac{1}{48\sqrt{5}}\cdot\dfrac{Pl^3}{EI}$
Beidseitig eingespannt, Gleichlast q	$\dfrac{ql}{2}$	$\dfrac{ql}{2}$	$\dfrac{ql^2}{24}$	$-\dfrac{ql^2}{12}$	$-\dfrac{ql^2}{12}$	$\dfrac{1}{384}\cdot\dfrac{ql^4}{EI}$
Beidseitig eingespannt, P Mitte	$\dfrac{P}{2}$	$\dfrac{P}{2}$	$\dfrac{Pl}{8}$	$-\dfrac{Pl}{8}$	$-\dfrac{Pl}{8}$	$\dfrac{1}{192}\cdot\dfrac{Pl^3}{EI}$
Kragarm mit Last q über l_k	$-\dfrac{q\,l_k^2}{2l}$	$q\,l_k\left(1+\dfrac{l_k}{2l}\right)$	—	—	$-\dfrac{q\,l_k^2}{2}$	$f_k=\dfrac{1}{24}\cdot\dfrac{q\,l_k^3}{EI}\cdot(4l+3l_k)$

STATISCHE WERTE von DURCHLAUFTRÄGERN

mit gleichen Stützweiten l unter Gleichstreckenlast $q = g + p$

System:

$$q = g + p$$

$\leftarrow l \rightarrow l \rightarrow l \rightarrow l \rightarrow l \rightarrow$

Auflagerkräfte = Tafelwert x gl bzw. pl
Biegemomente = Tafelwert x gl^2 bzw. pl^2

Die Werte sind jeweils für Voll-Last $q = g$ und für feldweise ungünstigste Laststellung $q = p$ angegeben.

System Belastung	x gl bzw. x pl			x gl^2 bzw. x pl^2				
	A	B	C	M_1	M_2	M_3	M_B	M_C
△△△								
Voll-Last	0,375	1,250	0,375	0,070	0,070	–	-0,125	–
Feldweise	0,437	1,250	0,437	0,096	0,096	–	-0,125	–
△△△△								
Voll-Last	0,400	1,099	1,099	0,080	0,025	0,080	-0,100	-0,100
Feldweise	0,450	1,202	1,202	0,101	0,075	0,101	-0,117	-0,117
△△△△△								
Voll-Last	0,392	1,141	0,930	0,077	0,036	0,036	-0,107	-0,071
Feldweise	0,446	1,223	1,142	0,100	0,081	0,081	-0,121	-0,107
△△△△△△								
Voll-Last	0,395	1,132	0,974	0,078	0,033	0,046	-0,105	-0,079
Feldweise	0,447	1,220	1,170	0,100	0,079	0,086	-0,120	-0,111

Beispiel: $g = 3$ kN/m, $p = 2$ kN/m, $l = 5$ m
$A = 0{,}375 \cdot 3 \cdot 5 + 0{,}437 \cdot 2 \cdot 5$
$M_1 = 0{,}070 \cdot 3 \cdot 5^2 + 0{,}096 \cdot 2 \cdot 5^2$
$M_B = -0{,}125 \cdot 3 \cdot 5^2 + 0{,}125 \cdot 2 \cdot 5^2$

KNICKZAHLEN ω
Auszug aus Tabellen

$\lambda = \dfrac{s_k}{i}$

$i = \sqrt{\dfrac{I}{F}}$

λ	ω -Werte		
	Holz	Stahl St 37	Stahl St 52
0	1,00	1,00	1,00
20	1,08	1,04	1,06
25	1,11	1,06	1,08
30	1,15	1,08	1,11
35	1,20	1,11	1,15
40	1,26	1,14	1,19
45	1,33	1,17	1,23
50	1,42	1,21	1,28
55	1,52	1,25	1,35
60	1,62	1,30	1,41
65	1,74	1,35	1,49
70	1,88	1,41	1,58
75	2,03	1,48	1,68
80	2,20	1,55	1,79
85	2,38	1,62	1,91
90	2,58	1,71	2,05
95	2,78	1,80	2,29
100	3,00	1,90	2,53
105	3,31	2,00	2,79
110	3,63	2,11	3,06
115	3,97	2,23	3,35
120	4,32	2,43	3,65
125	4,68	2,64	3,96
130	5,07	2,85	4,28
135	5,47	3,08	4,62
140	5,88	3,31	4,96
145	6,31	3,55	5,33
150	6,75	3,80	5,70
155	7,21	4,06	6,09
160	7,68	4,32	6,48
165	8,17	4,60	6,90
170	8,67	4,88	7,32
175	9,19	5,17	7,76
180	9,72	5,47	8,21
185	10,27	5,78	8,67
190	10,83	6,10	9,14
195	11,41	6,42	9,63
200	12,00	6,75	10,13
205	12,61	7,10	10,65
210	13,23	7,45	11,17
215	13,87	7,81	11,71
220	14,52	8,17	12,26
225	15,19	8,55	12,82
230	15,87	8,93	13,40
235	16,57	9,33	13,99
240	17,28	9,73	14,59
245	18,01	10,14	15,20
250	18,75	10,55	15,83

AUSZUG aus PROFILTAFELN

Schmale I-Träger (Normal-Profile) DIN 1025	I	h mm	b mm	F cm^2	I_y cm^4	W_y cm^3	i_y cm	I_z cm^4	W_z cm^3	i_z cm	g kN/m
	80	80	42	7,57	77,8	19,5	3,20	6,29	3,00	0,91	0,0594
	100	100	50	10,6	171	34,2	4,01	12,2	4,88	1,07	0,0834
	120	120	58	14,2	328	54,7	4,81	21,5	7,41	1,23	0,111
	140	140	66	18,2	573	81,9	5,61	35,2	10,7	1,40	0,143
	160	160	74	22,8	935	117	6,40	54,7	14,8	1,55	0,179
	180	180	82	27,9	1450	161	7,20	81,3	19,8	1,71	0,219
	200	200	90	33,4	2140	214	8,00	117	26,0	1,87	0,262
	240	240	106	46,1	4250	354	9,59	221	41,7	2,20	0,362
	300	300	125	69,0	9800	653	11,9	451	72,2	2,56	0,542
	340	340	137	86,7	15700	923	13,5	674	98,4	2,80	0,680
	400	400	155	118	29210	1460	15,7	1160	149	3,13	0,942
	500	500	185	179	68740	2750	19,6	2480	268	3,72	1,41
Breite I-Träger (Breitflansch-Profile) DIN 1025	IPB										
	100	100	100	26,0	450	89,9	4,16	167	33,5	2,53	0,204
	120	120	120	34,0	864	144	5,04	318	52,9	3,06	0,267
	140	140	140	43,0	1510	216	5,93	550	78,5	3,58	0,337
	160	160	160	54,3	2490	311	6,78	889	111	4,05	0,426
	180	180	180	65,3	3830	426	7,66	1360	151	4,57	0,512
	200	200	200	78,1	5700	570	8,54	2000	200	5,07	0,613
	240	240	240	106	11260	938	10,3	3920	327	6,08	0,832
	300	300	300	149	25170	1680	13,0	8560	571	7,58	1,17
	340	340	300	171	36660	2160	14,6	9690	646	7,53	1,34
	400	400	300	198	57680	2880	17,1	10820	721	7,40	1,55
	500	500	300	239	107200	4290	21,2	12620	842	7,27	1,87
	800	800	300	334	359100	8980	32,8	14900	994	6,68	2,62
U-Stahl DIN 1026	U										
	50	50	38	7,12	26,4	10,6	1,92	9,12	3,75	1,13	0,056
	60	60	30	6,46	31,6	10,5	2,21	4,51	2,16	0,84	0,051
	80	80	45	11,0	106	26,5	3,10	19,4	6,36	1,33	0,086
	100	100	50	13,5	206	41,2	3,91	29,3	8,49	1,47	0,106
	120	120	55	17,0	364	60,7	4,62	43,2	11,1	1,59	0,134
	140	140	60	20,4	605	86,4	5,45	62,7	14,8	1,75	0,160
	160	160	65	24,0	925	116	6,21	85,3	18,3	1,89	0,188
	200	200	75	32,2	1910	191	7,70	148	27,0	2,14	0,253
	240	240	85	42,3	3600	300	9,22	248	39,6	2,42	0,332
	300	300	100	58,8	8030	535	11,7	495	67,8	2,90	0,462
	350	350	100	77,3	12840	734	12,9	570	75,0	2,72	0,606
	400	400	110	91,5	20350	1020	14,9	846	102	3,04	0,718

AUSZUG aus PROFILTAFELN

		F cm²	I cm⁴	W cm³	i cm	g kN/m
Stahlrohre DIN 2448 u. DIN 2458	D x t					
	48,3 x 2,3	3,32	8,81	3,65	1,63	0,0263
	60,3 x 2,3	4,19	17,7	5,85	2,05	0,0331
	70 x 2,6	5,51	31,3	8,95	2,38	0,0435
	82,5 x 2,6	6,53	52,1	12,6	2,83	0,0516
	108 x 2,9	9,58	132	24,5	3,72	0,0757
	127 x 3,2	12,4	239	37,6	4,38	0,0984
	159 x 4,0	19,5	585	73,6	5,48	0,154
	193 x 4,5	26,7	1198	124	6,69	0,209
	273 x 5,0	42,1	3781	277	9,48	0,330
	368 x 5,6	63,8	10469	569	12,81	0,499
	508 x 6,3	99,3	31246	1230	17,74	0,782
	508 x 11,0	172	53056	2089	17,58	1,35
Quadratische Stahlprofile (Quadrat-Rohre) DIN 59 410	a x t					
	60 x 2,9	6,55	35,5	11,8	2,33	0,0514
	5,0	10,8	54,1	18,0	2,24	0,0847
	80 x 3,6	10,9	106	26,4	3,11	0,0855
	5,6	16,4	151	37,6	3,03	0,129
	100 x 4,0	15,2	233	46,6	3,91	0,120
	6,3	23,3	339	67,8	3,82	0,183
	120 x 4,5	20,5	452	75,3	4,70	0,161
	6,3	28,0	598	99,7	4,62	0,220
	160 x 6,3	37,7	1460	183	6,23	0,296
	10,0	57,4	2100	263	6,05	0,451
	200 x 6,3	47,5	2960	296	7,86	0,375
	10,0	73,4	4340	434	7,69	0,576

		t mm	F cm²	I_y cm⁴	W_y cm³	i_y cm	I_z cm⁴	W_z cm³	i_z cm	g kN/m
Rechteckige Stahlprofile (Rechteck-Rohre) DIN 59 410	a x b									
	60 x 40	2,9	5,39	26,0	8,67	2,20	13,7	6,86	1,59	0,0423
		4,0	7,22	33,3	11,1	2,15	17,3	8,65	1,55	0,0567
	80 x 40	2,9	6,55	53,1	13,3	2,85	17,7	8,83	1,64	0,0514
		5,0	10,8	81,7	20,4	2,75	26,2	13,1	1,56	0,0847
	100 x 50	3,6	10,2	129	25,8	3,56	42,9	17,2	2,05	0,0798
		5,6	15,3	184	36,8	3,47	59,4	23,8	1,97	0,120
	120 x 60	4,0	13,5	247	41,1	4,27	82,7	27,6	2,47	0,106
		6,3	20,5	354	59,0	4,16	116	38,6	2,38	0,161
	160 x 90	4,5	21,5	715	89,4	5,81	293	65,1	3,72	0,166
		7,1	32,2	1030	129	5,67	418	92,9	3,60	0,253
	200 x 120	6,3	37,7	2010	201	7,30	910	152	4,91	0,296
		10,0	57,4	2890	289	7,10	1290	216	4,75	0,451

AUSZUG aus PROFILTAFELN

Rechteck-Querschnitte

b/h	F cm²	W_{y_3} cm³	J_{y_4} cm⁴	W_{z_3} cm³	J_{z_4} cm⁴	i_y cm	i_z cm
6/6	36	36	108	36	108	1,73	1,73
6/10	60	100	500	60	180	2,89	1,73
6/12	72	144	864	72	216	3,46	1,73
6/16	96	256	2044	96	288	4,62	1,73
8/8	64	85	341	85	341	2,31	2,31
8/12	96	192	1152	128	512	3,46	2,31
8/16	128	341	2731	171	683	4,62	2,31
8/20	160	533	5333	213	853	5,77	2,31
10/10	100	167	833	167	833	2,89	2,89
10/14	140	327	2287	233	1167	4,04	2,89
10/20	200	667	6667	333	1667	5,77	2,89
10/24	240	960	11520	400	2000	6,93	2,89
12/12	144	288	1728	288	1728	3,46	3,46
12/16	192	512	4096	384	2304	4,62	3,46
12/20	240	800	8000	480	2880	5,77	3,46
12/24	288	1152	13824	576	3456	6,93	3,46
14/14	196	457	3201	457	3201	4,04	4,04
14/16	224	597	4779	523	3659	4,62	4,04
14/20	280	933	9333	652	4573	5,77	4,04
14/24	336	1344	16128	784	5488	6,93	4,04
16/16	256	683	5461	683	5461	4,62	4,62
16/18	288	864	7776	768	6144	5,20	4,62
16/20	320	1067	10667	853	6827	5,77	4,62
16/24	384	1536	18432	1024	8192	6,93	4,62
10/30	300	1500	22500			8,66	
10/40	400	2670	53300			11,55	
10/50	500	4170	104200			14,43	
10/60	600	6000	180000			17,32	
10/70	700	8170	285800			20,21	
10/80	800	10670	426700			23,09	
10/90	900	13500	607500			25,98	
10/100	1000	16670	833300			28,87	
10/110	1100	20170	1109000			31,75	
10/120	1200	24000	1440000			34,64	
10/130	1300	28170	1831000			37,53	
10/140	1400	32670	2287000			40,41	

Stichwortverzeichnis

Abgespannter Träger 152
Allgemeines Kraftsystem 30
Andreas-Kreuz 154

Beschleunigung 14, 190
Beulen 138
Bewegungsgesetz 14, 190
Biegelinie 125
Biegemoment 47, 61
Biegespannung 62
Bogen 101
Bretterscheibe 145

Culmann'sche Gerade 39
Cremona-Plan 39

Dauerbruch 194
Dauerfestigkeit 194
Dehnung 52
Dreigelenkbogen 102
Dreigelenkrahmen 94
Drillknicken 139
Dübelformel 77

Durchbiegung 124
Dynamik 13
Dynamische Beanspruchung 189

Eigenfrequenz 191
Eigenlast 21
Einfeldträger 84
Einhängefeld 88
Einspannung 42
Elastisch 53
Elastizitätsmodul 53
Erdbeben 193
Erdbeschleunigung 193
Ermüdungsbruch 194
Euler-Last 132
Euler-Fälle 133
Exzentrische Normalkraft 70

Fachwerkanalogie 121
Fachwerkträger 113
Faltwerk 187
Festhaltekraft 24, 34
Flächentragwerk 40, 179
Fließspannung 52
Formgebung 81, 140, 157
Freier Fall 190
Frequenz 191

Gebrauchsfähigkeit 16
Geknickter Träger 86
Gelenkträger 87

Gerader Träger 83
Gewölbe 101
Gleichgewicht 24, 34
Gleitmodul 175
Gleitwinkel 175

Hängeseil 101
Hauptachsen 66
Hauptspannungen 173
Hauptspannungsrichtung 174
Hauptträgheitsmoment 67
Hohlprofil, Torsion 164
Hooke'sches Gesetz 53

Instabilitäten 138, 168
Innerlich stat. bestimmt 153

Kernweite 71
Kettenlinie 107
Kinematik 13
Kinetik 13
Kippen 139
Klaffende Fuge 72
Knicken 131
Knicklänge 133
Kohäsion 76
Kraft 14, 18
Krafteck 23
Kräftepaar 31
Kreis, Torsion 162
Kreisring, Torsion 163
Kriechen 56, 129
Krümmung 126
Kühnheitszahl 101

Längskraft 47, 51, 70
Lagerarten 40
Lasten 21

Masse 14, 189
Mechanik 13
Mehrfeldträger 147
Moment 30, 61
Momentenfläche 81
Momenten-Summenlinie 148
ΔM-Verfahren 137

Newton 14, 189
Normalkraft 47, 51, 70

Parallelogramm der Kräfte 23
Pendellager 41
Plastische Verformung 53, 56, 129
Platten 179

Querdehnung 52, 54
Querdehnzahl 52
Querkraft 47, 74
Querkraftfläche 81

Rahmen 92
Rahmenträger 151
Reaktionsprinzip 15
Reibung 76
Reibungsbeiwert 76
Reine Torsion 162
Resonanz 192
Resultierende Kraft 24
Ritter-Schnitt 116
Rollenlager 41
Rotationsschale 187

Schalen 185
Scheiben 182
Scherspannung 74
Schlankheit 135
Schlußlinie 89, 94
Schneelast 22
Schnittkraft 46
Schnittkraftfläche 79
Schnittprinzip 46
Schräger Träger 85
Schubmittelpunkt 169
Schubmodul 175
Schubspannung 74, 162
Schwerachse 57
Schwerpunkt 57
Schwinden 56, 129
Schwingung 191, 192
Seillinie 106
Shedprofil 69
Sicherheit 52
Spaltzugkräfte 183, 184
Spannungstrajektorien 175
Spannungstransformation 172
Stabilitätsfälle 138
Stabkräfte 115
Standsicherheit 15
Statik 13
Statisch bestimmt 42
Stat. unbestimmtes System 145

Stat. unbestimmtes System 145
Steiner'scher Satz 64
Stoßartige Last 190
Strömungsgleichnis 165
Stützlinie 101, 104
Stützweite 83
St. Venant 162
Symmetrieachse 58, 67

Tangentendrehwinkel 128
Technische Biegelehre 61
Technische Mechanik 15
Teilresultierende 36
Temperaturdehnung 55
Theorie II. Ordnung 133
Torsion 161
Träger 39, 83
Trägheitsgesetz 14
Trägheitsmoment 64
Trägheitsradius 136
Tragwerk 39
Trajektorien 175

Unterspannter Träger 152
Unwucht 192

Veränderliche Gliederung 153
Verkehrslast 22
Verschiebungssatz 35
Vierendeelträger 150
Vorzeichenregeln 49

Wärmeausdehnungskoeffizient 55
Wandartiger Träger 182
Widerstandsmoment 64
Windlast 22
Wöhler-Linie 194
Wölbkrafttorsion 162
ω-Verfahren 136

Zentrales Kraftsystem 17
Zentrifugal-Moment 62
Zweiachsige Biegung 68
Zweifeldträger 149
Zweigelenkrahmen 150
Zylinder-Schalen 185

Der Verlag empfiehlt:

Walther Mann

Tragwerkslehre in Anschauungsmodellen

Statik und Festigkeitslehre und ihre Anwendung auf Konstruktionen

Von Prof. Dr.-Ing. Walther Mann
Technische Hochschule Darmstadt
1985. 118 Seiten, 123 Photos, 105 Zeichnungen
16,2 × 22,9 cm. Kart. DM 32,—

Die grundlegenden Begriffe der Statik und Festigkeitslehre sowie der Tragwerkslehre können bei aller notwendigen Abstraktion auch anschaulich vermittelt werden. Der Verfasser beschreibt die Sammlung statischer Anschauungsmodelle, die er an seinem Lehrstuhl aufgebaut hat und die er in jeder Vorlesung mit Erfolg nutzt.

127 Modelle für die Lehrbereiche Statik und Festigkeitslehre, Holzbau, Mauerwerksbau, Stahlbau, Grundbau, Stahlbeton und Spannbeton sowie Tragwerke und Konstruktionen werden vorgestellt. Jedes Modell ist in Photos abgebildet und in seinem Aufbau beschrieben. Es wird dargestellt, welche Probleme in welcher Weise am Modell demonstriert werden können. Handskizzen wie Kraftecke, Spannungsverteilung, statische Systeme verdeutlichen den Zusammenhang zwischen abstrahierter Darstellung und anschaulicher Wirkung am Modell und regen zum Nachdenken an.

Allen, die an Technischen Hochschulen, Fachhochschulen oder Schulen mit der Lehre von den Kräften und ihrer Anwendung auf Konstruktionen zu tun haben, bietet diese Sammlung von Anschauungsmodellen Anregungen zur praxisnahen und anschaulichen Darstellung des Lehrstoffes.

Preisänderungen vorbehalten

 B. G. Teubner Stuttgart